INTRO

Im Jahr 2016 beschließen ein paar Karlsruher Studenten, die Gaming-Welt zu erobern. Doch die Welt hat sich gegen sie verschworen. Die WG am Karlsruher Hauptfriedhof ist zu klein, der Hausmeister will sie rauswerfen, IT-Experten lachen sie aus, Investoren winken ab und der erste Entwurf eines Spiels fällt krachend durch – so sehen Verlierer aus. Eigentlich, doch Level für Level bewegt sich das Start-up aus der WG in die Gewinnerzone. Die Freunde vertrauen ihrem Motto »Mach keinen Quatsch« und entwickeln mit großem Durchhaltevermögen und viel Disziplin ein unglaubliches Start-up. In diesem Buch ist zu lesen, wie sich das eingeschworene Trio gegen alle Widerstände behauptet, einen Gaming-Bestseller entwickelt und – ohne jegliches Fremdkapital – in der Start-up-Hauptstadt Berlin ein Unternehmen etabliert, das die Welt erobern wird. Dies ist ihre Geschichte: Daniel, Janosch und Oliver.

JANOSCH
KÜHN

OLIVER
LÖFFLER

DANIEL
STAMMLER

MACH KEINEN QUATSCH

Wie drei unerschrockene Freunde eines der erfolgreichsten Start-ups der Welt aufgebaut haben

INHALT

ZOOM-IN

oder
das Sandwich-Level

*M*itten in der Nacht klopfte der Zimmerservice. Eine weitere Ladung Sandwiches war im Anmarsch. Auf dem Tisch stand bereits eine Platte, dazu ein Berg Pommes. Irgendwie hatten wir versäumt, das ganze Essen rechtzeitig abzubestellen. Später kamen noch mehr Sandwiches, alle sauber aufgespießt an kleinen Hölzchen, »with ham« und »with turkey«. Und Chips. Und es floss reichlich Alkohol, vielleicht etwas zu viel Alkohol. Vielleicht hat auch irgendeiner von uns immer wieder nachbestellt. Immerhin war es das Four Seasons in London, eine riesige Suite, und offenbar hatten wir komplett den Durchblick verloren. Wir waren angekommen, endlich am Ziel.

Den Abend hatten wir in einem viel zu teuren Lokal in London verbracht, ein Restaurant ohne Speisekarte, ohne Festpreise, bei dem man am Eingang nur sein »Budget« nennt. Mit unseren Hoodies, mit den Jeans und T-Shirts standen wir vor der Tür und die Frau am Empfang war, sagen wir mal: sehr freundlich und professionell. 40 Pfund müsste man schon so als Budget pro Person rechnen, sagte sie und blickte uns tief in die Augen. Jeder kennt das Gefühl, nicht auf Augenhöhe zu sein. Dennoch: 40 Pfund traute sie uns zu. Maximal. Wir nickten, das ginge schon klar. Wir waren in euphorischer Stimmung, der Kopf komplett in den Wolken – und vor allem waren wir an diesem kühlen Abend im Januar 2020 bereit, so ziemlich jedes Klischee von Start-up-Gründern zu erfüllen.

Es war kurz vor Corona. Wir hatten die Firma verkauft. Katapultiert in eine ganz andere Welt. Und wenn dort eine gegrillte Königskrabbe 1000 Pfund kostet, dann kostet sie eben 1000 Pfund. Wir erlaubten uns diesen Kurzurlaub in die Dekadenz – nachdem wir ein paar Jahre zuvor in einer WG, die nach Katzenurin roch und über einem Beerdigungsinstitut lag, etwas begonnen hatten, das unser aller Leben sehr grundlegend verändern sollte. Wir, das sind Daniel, Janosch und Oliver, wir kommen alle ursprünglich aus Heidenheim von der Schwäbischen Alb. Wir waren Mitte 20, als wir in Karlsruhe aus einer WG heraus eine Firma für Mobile Games gründeten, dann das Spiel »Idle Miner Tycoon« entwickelten, das später weltweit 150 Millionen Downloads verzeichnete, um dann wenige Jahre später »unser Baby« in andere Hände zu geben. Und nicht wenige würden sagen, damit echt Kasse zu machen.

Im Rückblick ging das alles so rasend schnell – von der Studenten-WG zum globalen Spieleanbieter. Hier wollen wir nun unsere Geschichte festhalten. Aber nicht nur zeigen, wie es uns von Level zu Level nach oben gedrückt hat. Sondern auch unsere Learnings nicht vergessen. Das, was uns in bestimmten Situationen weitergeholfen hat. Kleine Tipps und Tricks, wie man als Start-up im Haifschbecken überleben kann.

Es war eine atemlose, eine berauschende Zeit. Mit diesem Buch wollen wir anderen Mut machen, auch diesen Weg zu gehen. Ja, er ist ruppig, ja es ist ein ungerader Weg, es wird einem nichts geschenkt, ständig drohen Gefahren und Abstürze, man wird belächelt, bemitleidet, nicht ernst genommen, sorgt sich um Geld und Zukunft, kämpft mit Konkurrenten und Plagiatoren – und doch war es eine fantastische Zeit mit einem großartigen Happy End.

Okay, wir sind vielleicht etwas naiv in dieses Abenteuer gestolpert, aber wir hatten immer einen klaren Kompass vor Augen, wir haben uns immer eine Sache vorgenommen: Lass uns keinen Quatsch machen. Wir haben weder die Zeit noch die Energie, um sie mit Quatsch zu vergeuden. Das war und das ist unser Mantra, unsere Leitidee. Und ihr werdet in diesem Buch eine Menge möglichen Quatsch kennenlernen, der uns womöglich das Leben hätte schwer machen können.

Vor allem aber hatten wir uns. Wir wollten Erfolg, wir haben uns jeden Tag von morgens bis in die Nacht für das Unternehmen reingehängt, hartnäckig wie ein schwäbischer Mittelständler und visionär wie Tekkies aus »dem Valley«.

Und es erwies sich als »chance of a lifetime«.

Als wir damals von Sandwich-London zurückflogen, nach dieser Nacht im Four Seasons, jeder von uns mit dem jeweiligen Mageninhalt kämpfte, wir mit dem Vomex liebäugelten und Janosch noch euphorisch meinte, wir könnten »uns jetzt Döner leisten, wann immer wir wollen«, waren es nur noch wenige Stunden, bis wir unserem Team in Berlin mitteilen sollten: »Das war es! Wir verkaufen die Firma! Lasst uns feiern!!«

Das war so nicht abzusehen. Denn unser erster Versuch, ein Hunde-gegen-Katzen-Spiel, erwies sich als großer Flop. Was uns auch sehr deutlich gesagt wurde.

Here comes »the story of the Hurricane«, der als laues Lüftchen begann. Wir befinden uns in einem Kreisstädtchen irgendwo in Süddeutschland. Zoom-in.

KRAFT SUCHT RICHTUNG

oder
das Schnitzel-Level

» Das Spiel taugt nichts!« Er sprach sehr laut: »Schlecht, richtig schlecht!« Da war er sich sehr sicher. Und es kam noch schlimmer. Er sagte auch, wir würden als Entwickler nichts taugen, wir »könnten nix«, wir wären »dumm«. Es prasselte nur so nieder, wir wurden richtig fertiggemacht. »Das ist richtig scheiße, das sieht auch komplett scheiße aus«, sagte der Spieleexperte eines großen Gaming-Unternehmens. »So etwas Schlechtes habe ich noch nie gesehen.« Daniel stand bedröppelt neben dem Mann, wir hörten fassungslos zu. Fast eine halbe Stunde dauerte der Monolog. Wir kamen von unten, nur jetzt hatten wir das Gefühl, weiter unten gebe es nicht mehr. Das war richtig ganz unten.

Wir waren sprachlos und konnten nichts erwidern. In Karlsruhe fand an diesem Abend im Sommer 2016 ein Gaming-Stammtisch in einem Co-Working-Space statt. Entwickler und Start-ups konnten Experten und Unternehmen ihre neuen Ideen vorstellen. Alle waren gespannt auf deren Urteil. In unserem Fall verlief das äußerst mies. Der Experte kritisierte jedes einzelne Detail unseres Spiels. Wir hatten sechs Monate am Hund-gegen-Katze-Spiel »Front Yard Wars« gearbeitet – und in dieser halben Stunde wurde die Arbeit eines halben Jahres vernichtet. Das Einzige, was Daniel nach dieser Tirade noch herausbrachte, war: »Das hätte er aber auch netter sagen können.« Hatte er aber nicht. Ein absoluter Tiefpunkt, wir waren wie in Schockstarre. Da hatte uns gerade jemand komplett zusammengefaltet, bei einer Sache, die uns sehr wichtig war, von der wir uns sehr viel versprochen hatten.

Auf den einschlägigen Seiten wurde das Spiel bereits im Vorfeld entsprechend promotet: »Beim Karlsruher Entwicklerstudio Fluffy Fairy Games handelt es sich um ein Start-up, welches sich besonders für Tiere begeistert. ›Front Yard Wars‹ ist ihr größtes Projekt, es bringt ein ganz neues Szenario in das Genre. Wir sind sehr gespannt, ob es seine Versprechen halten wird!«, frohlockte es noch auf der Branchenseite »Spielesnacks«. Dabei war längst klar: wird es nicht. Versprechen wird nicht gehalten.

Volle *Breitseite* wegen *Hunden* und *Katzen*

Gut, vielleicht war die Idee, einen Krieg zwischen Hunden und Katzen spielerisch abzubilden, nicht ganz ausgereift. Sechs Monate hatten wir an »Front Yard Wars« gearbeitet, hatten Katzen und Hunde unter anderem mit Laserschwertern ausgerüstet, um epische Schlachten im Vorgarten zu führen. Die Spieler hatten die Möglichkeit, sich für ihre Lieblingshaustierart zu entscheiden, um als tierische Allianz gegen die gegnerische Fraktion in den Krieg zu ziehen. Unser Ziel war auf jeden Fall, das Fantasy-Mittelalter-Klischee zu umgehen. Es sollte nicht diesen Spielepathos haben, mit den erhabenen Helden und den von sich selbst ergriffenen Kriegern. Nicht sehr originell, aber wir haben halt Katzen auf Hunde gehetzt und umgekehrt – und bekamen nun die volle Breitseite. Ohne Laserschwert.

Zur Beruhigung sagten uns andere Teilnehmer, dieser Experte sei grundsätzlich immer etwas negativ eingestellt, seine Kritik deshalb auch irgendwie normal. Was es nicht besser machte. Immerhin sechs Monate unseres Lebens für die, nun ja, für die Katz'. Durch den Kopf ging uns an diesem Abend: das war es wohl. Schöne Idee mit dem Spiel. Aber machen wir lieber das Studium weiter, wir können ja in eine Beraterfirma oder einen Techkonzern gehen, aber auf keinen Fall werden wir noch mal Spiele entwickeln. Game over! Diese Gedanken brachten uns irgendwie durch die Nacht. Eigentlich war das Gaming-Business für uns gestorben.

Aber nur eigentlich.

Denn dieser Abend im April 2016 hatte etwas bewirkt. Geht nicht gibt's nicht! Rückblickend gesehen, hatte der Verbalangriff etwas in uns ausgelöst, ja, er hat uns motiviert. Ein halbgares Lob hätte uns nicht halb so viel geholfen wie diese komplette Vernichtung. Auf der anderen Seite hat es uns klar vor Augen geführt, dass es nur funktionieren kann, wenn gilt:

Mach keinen Quatsch!

Prüfe alles doppelt und dreifach, bevor du es von der Leine lässt!

Am anderen Morgen setzten wir uns zusammen und machten reinen Tisch: Ja, es war schlecht. Es war unser allererstes Spiel, wir sind vielleicht etwas überheblich an die Sache rangegangen. Wir hatten zwar Spiele gespielt, aber wir hatten keine Ahnung, wie viel Arbeit es eigentlich macht, eines zu entwickeln. Zudem wollten wir zu viel: Es sollte ein sehr komplexes Spiel werden, ein komplexes Mehrspielerspiel, ein Multiplayer-Game. Aber wir hatten ja nicht mal den Singleplayer zum Laufen gekriegt. Wir hatten überall ein bisschen am Spiel gewerkelt, von jeder Seite, ohne echten Plan, und tatsächlich war nichts Halbes, nichts Ganzes dabei herausgekommen.

Je länger wir sprachen, desto offener wurden wir. Ja, es war inhaltlich nicht gut, wir hatten viele Anfängerfehler gemacht, und auch wenn der Typ unverschämt und seine Wortwahl unterirdisch war, so hatte er doch in fast allen Punkten recht, sehr bitter.

Die Erinnerung ist bei uns allen dreien identisch. In dieser gemeinsamen Analyse begann etwas Neues. Es hatte uns nicht umgehauen. Unser Wille war nicht »gebrochen«, um es jetzt etwas dramatisch zu formulieren. Der Ausbruch des Experten, sein – nun ja – Feedback hatte uns eher ermutigt, weiterzumachen, im Sinne von: jetzt erst recht! Und ohne Katzen. Angefangen hatte unsere gemeinsame Geschichte, deren ersten Rückschlag die herbe Kritik war, einige Monate zuvor – an einem für Studierende wichtigen Platz.

In der *Mensa* wurden die *Weichen gestellt*

Kennt jemand von euch die Schnitzelbar im KIT? Wohl nicht. Nun, die Mensa des Karlsruher Instituts für Technologie (KIT) hat eine eigene Ausgabestelle nur für Schnitzel. Da gibt es jeden Tag Schnitzel, und die Schlange davor ist so etwas wie die Priority Lane für Schnitzelesser. Wir alle drei kannten die Schlange gut. Wir haben viel Zeit in der Schnitzelschlange verbracht, vielleicht zu viel. Jedenfalls haben wir in der Mensa zum ersten Mal als Trio zusammengesessen – das war einige Monate vor der vernichtenden Kritik. Oliver kannte Daniel, Daniel kannte Janosch. Und Daniel brachte alle drei zusammen, beim Schnitzel. Was wir besprachen, klang groß. Daniel und Janosch wollten ein Unternehmen hochziehen, ein Start-up. Und Olli galt als herausragender Programmierer, als eine wichtige Stütze auf der technischen Seite.

Wir aßen also Schnitzel, sprachen über Chancen und dachten an Erfolg, an Durchbruch, an einen Umzug nach London. Das hörte sich sehr cool an. Wir waren angefixt. So ein bisschen Was-kostet-die-Welt-Feeling. Gleichzeitig schien das für jeden von uns auch der Ausweg aus der akademischen Enge zu sein. Der Weg schien eher in die Forschung und Entwicklung hochkomplexer technologischer Lösungen zu gehen. Daher war diese neue Idee für uns eine absolute Alternative auf die Frage: Was wollen wir machen? Wir starten ein Business! Klar! Wir waren entflammt vom Gedanken an das eigene Unternehmen. Wir sahen ein Ziel vor Augen, hatten einen Plan, zumindest im Kopf. Das Gespräch in der Mensa war – noch vor dem niederschmetternden Urteil des Spieleexperten – der Moment, ohne den es später das Unternehmen Kolibri Games nie gegeben hätte.

An der Uni gab es einen Kellerraum, einen Raum ohne Fenster, sehr dunkel, aber mit einer sehr leistungsstarken Klimaanlage. Dort trafen wir uns zum Herumspinnen und Diskutieren. Es gab ein paar verschlissene Sofas, einen alten Tisch und an der Wand hing eine Schultafel. Auf die kritzelten wir Ideen und Pläne für ein mögliches Business. Wegen der Klimaanlage war es immer kalt, manchmal schossen wir uns aus Langeweile mit den Nerf Guns, diesen Plastikgewehren, ab. Und irgendwann klärte sich da unten im Keller etwas Grundlegendes: Ja, lasst uns ein Spiel bauen. Ein paar Tage zuvor hatte Daniel schon eine Nachricht an Olli geschickt: »Was hältst du von Gaming?« Einfach so. Daniel war etwas in den Kopf gekommen und er fragte Olli: »Sollen wir ein Spiel entwickeln?« Als wir später im fensterlosen Raum zusammensaßen, waren wir uns einig: Machen wir!

WER SIND WIR?
JANOSCH

Das Internet setzte sich bei uns zu Hause nur mühsam durch. Das hatte einen einfachen Grund: Meine Schwester war 13 Jahre alt, als sie auf einen Online-Abo-Scam reingefallen war, irgendwo hatte sie falsch angeklickt und aus Versehen ein Abo abgeschlossen. Es gab Ärger, Post vom Anwalt kam, die Kosten des unfreiwilligen Abos beliefen sich auf 200 Euro. Das war eine Menge Geld für meine Mutter, und eine bittere Erfahrung. Danach hatte sie einen Riesenrespekt vor dem Netz – und wollte das Internet auf gar keinen Fall zu Hause haben.

Für mich hieß das: nicht wie die coolen Leute ins Netz gehen, nicht wie die coolen Leute von der Schule auf dem Radio-Chat oder auf dem Messenger-Dienst ICQ mitreden können. Zumindest nicht zuhause. Ich bin dann immer zehn Kilometer ins Nachbardorf zu meinem Opa gefahren, der hatte Netz und ich war dann auch online, so wie die Coolen.

Eigene **WLAN-Antenne** *gebaut*

»Das Internet ist superwichtig für die Schule«, versuchte ich meine Mutter zu überzeugen. Sie hatte mir inzwischen die deutsche Wikipedia auf DVD geschenkt, das gab es damals wirklich. Es war zwar nicht das, was ich mir vorgestellt hatte, aber von da an habe ich mich nächtelang von Wiki-Link zu Wiki-Link durch das Wissen der Welt gelesen. Einmal habe ich sogar versucht, mit Styropor, Nägeln und Kabel eine WLAN-Antenne zu bauen, um irgendwie beim Nachbarn mitzusurfen. Doch mein Homemade-Internetanschluss funktionierte nicht. Irgendwann kamen die ersten internetfähigen Smartphones – zwar mit Edge, aber immerhin. Mit einem bisschen Umbauen konnte ich die Handys an den PC anschließen und hatte endlich Internet!

Ansonsten bin ich in Herbrechtingen bei Heidenheim aufgewachsen. Bis zur zehnten Klasse war ich wirklich kein guter Schüler. Lange dachte ich, ich müsse mich nur bei den Abiturprüfungen anstrengen, dann würde es schon für eine akademische Laufbahn reichen. Meine Eltern waren keine Akademiker, ich sah in der Uni die große Chance, beruflich weiterzukommen. Irgendwann kapierte sogar ich, dass bereits die zwei Jahre zuvor mit in die Abinote einfließen, also strengte ich mich an. Ich wollte unbedingt einen guten Schnitt erreichen, damit ich auf die Uni gehen könnte. Ansonsten war ich ein klassischer Nerd, ich zockte viel, verbrachte viel Zeit vor dem Computer. Hat es mir geschadet? Nein.

Nach dem Abi schrieb ich mich dann am KIT in Karlsruhe für Wirtschaftsingenieurwesen ein. Parallel studierte ich noch Psychologie an der Fernuniversität in Hagen.

DANIEL

Mit zwölf Jahren habe ich eine Lektion gelernt. Damals trug ich jedes Wochenende Zeitungen aus, bei Wind und Wetter, immer mehrere Stunden. Teilweise sind mir die Rucksäcke gerissen, weil ich zu viele Zeitungen mitgeschleppt habe, um nicht gleich wieder umdrehen und neue holen zu müssen. Viel Geld habe ich nicht dafür bekommen, meist waren es nur 50 Euro im Monat. Aber das habe ich gemacht, bis ich 16 Jahre alt war. Es war zwar hart, aber ich habe gelernt, etwas zu Ende zu bringen, eine Sache durchzuziehen. Mit dem Geld habe ich mir unter anderem ein C++-Programmierbuch gekauft. Mehr als 1000 Seiten, das war ein Riesenwälzer, den ich mir da vorgenommen hatte. Aber ich wollte unbedingt Programmieren lernen – leider habe ich zunächst nichts verstanden, das war alles kryptisch.

Für den *Erfolg* wollte ich alles tun

Danach ließ ich es für zwei Jahren bleiben. Bis zur zehnten Klasse war ich kein guter Schüler. Was mich interessierte, war Programmieren, waren Programmiersprachen. Das brachte ich mir selbst bei und ich vertiefte mich immer mehr in die Computerwelt. Ich wuchs in Heidenheim auf, also auf der Schwäbischen Alb. Heidenheim hat ganz klassisch ein großes Familienunternehmen, bei dem viele Heidenheimer beschäftigt sind. Wenn vom schwäbischen Mittelstand gesprochen wird, dann ist eine Stadt wie Heidenheim gemeint.

Bei uns zu Hause war Geld immer Thema, aber nicht, weil es zu viel davon gab. Meine Eltern bemühten sich nach Kräften, mir und meinem Bruder ein gutes Leben zu ermöglichen. In der zehnten Klasse legte ich dann den Schalter um, das kam einfach so: Ich wollte Erfolg haben, wollte alles für den Erfolg tun, wollte finanziell unabhängig sein. Ich wollte hoch hinaus. Raus aus der Welt, in der jeder Cent umgedreht werden muss. Das nahm ich mir fest vor und in den Nullerjahren des neuen Jahrtausends schien IT dafür genau der richtige Weg zu sein. Und dann schrieb ich mich am KIT in Karlsruhe für Wirtschaftsinformatik ein.

OLIVER

Seit ich ein Kind war, sitze ich vor dem PC. Mich hat es immer fasziniert, dass man Strom an einen Kasten anschließt und er dann farbige Bilder auf einen Monitor projiziert – und dass man mit dem Gezeigten interagieren und etwa mit den PC-Spielen richtig viel Spaß haben kann. Der Tag, als ich meinen ersten PC mit Internetzugang gekauft habe, damals eine DSL-Leitung, veränderte vieles. Von da an verbrachte ich viel Zeit mit Blick auf den Bildschirm. Ich wollte alles verstehen, und nicht nur irgendwie, ich wollte jedes Detail verstehen und habe mich intensiv damit auseinandergesetzt, wie Computer funktionieren, wie man sie programmiert – und wie ich sie dazu bringen kann, Sachen zu machen, die ich will. Jeder Befehl, der funktionierte, war ein kleiner Erfolg. Außerdem verbrachte ich sehr viel Zeit auf Google, um noch mehr zu verstehen, noch mehr zu lesen – und mir das Entscheidende eben schon recht früh selbst beizubringen. Später verfestigte sich mein Wissen, ich hatte begonnen, eigene Roboter zu bauen.

Ein *sehr* guter Ruf

Es war schon früh klar, dass ich Informatik studieren wollte. Und der Traum war, irgendwann in eine große Firma zu gehen, ins Silicon Valley, zu Google oder Apple. Ich lernte Programmieren, las Bücher übers Programmieren, richtig dicke Wälzer. In der Schule hatte ich weniger gute Noten, doch irgendwie schaffte ich einen ordentlichen Abischnitt. Ich schrieb mich in Karlsruhe am KIT für Informatik ein. Die Uni hat, was Informatik angeht, einen sehr guten Ruf im deutschsprachigen Raum.

Das strenge *Feedback* der Berater

Unser Plan stand fest. Aber ein paar kalte Füße standen auch noch herum. Wir trauten uns nicht so ganz – und hatten einen Plan B. Sozusagen Team Sicherheit. Dieser Plan hieß: McKinsey. Wenn alle Stricke reißen, gehen wir in die Unternehmensberatung. Und das war nicht anmaßend. Wir hatten bereits eine Menge Erfahrung gesammelt. An der Universität in Karlsruhe gibt es eine studentische Unternehmensberatung, eine eigenständige Firma mit Namen »delta«, bei der man sich im Kontakt mit Kunden ausprobieren, echte Erfahrungen sammeln konnte. Es ging darum, in kleinen Teams Lösungen für Herausforderungen von Unternehmen zu finden. Beispielsweise war eine Aufgabe: Ein großer Technologiekonzern in Walldorf sucht qualifizierten Nachwuchs. Helft uns, die richtigen Leute zu finden, helft uns, präsenter zu werden. Bei einem Projekt für BMW ging es darum, eine Ideenmanagement-Software zu implementieren. Wir gingen in die Unternehmen, wir tauschten uns mit den Leuten aus, stellten Fragen, hörten zu, entwickelten Strategien, die wir dann präsentieren mussten.

Diese Projekte liefen parallel zum Studium und waren sehr kompetitiv angelegt, alles stand immer im Wettbewerb. Man musste gegen andere Studentengruppen um den Auftrag pitchen. Wir, Janosch und Daniel, engagierten uns sehr stark bei delta – und wir lernten eine Menge dabei. Denn es wurde einem absolut nichts geschenkt. Auf Präsentationen gab es sehr ehrliches und meist auch sehr kleinliches Feedback: »Warum ist die Überschrift auf Folie 14 in Schriftgröße 18 und auf Folie 15 nicht?« Und dann standst du da und musstest vor 40, 50 anderen Studierenden erklären, warum die Überschriften nicht konsistent waren. Und das war noch das harmlose Feedback.

Wir lernten in dieser Phase etwas ganz Entscheidendes: Gib dich nie zufrieden. Misstraue dem Gefühl des Absolutsicherseins. Es gab Kritik an Analysen und Projektideen, Kritik am Stil der Präsentation, oft eben sehr hartes Feedback. Wir waren meist sehr nervös vor den Feedbackrunden. Zumal auch unverhohlen und schonungslos die jeweiligen Stärken und Schwächen der einzelnen Teilnehmer angesprochen wurden, das war zum Teil richtig heftig. Du bist Student, hast kaum Lebenserfahrung und dir wird vorgehalten, nicht überzeugend genug zu sein. Es war eine sehr harte Schule. Aber es war eben auch eine wertvolle Praxiserfahrung. Wir lernten, wie Unternehmen wirklich funktionierten, wir lernten, was prozessorientierte Beratung ist, und wir lernten ganz allgemein sehr viel über Prozesse. Immer ging es direkt zur Sache, sehr hart, sehr ehrlich. Kein Terrain für Labertaschen. Sofort auf den Punkt kommen. An der Uni ist das Lernen hingegen abstrakt, es ist eine sehr methodische Arbeit, du sitzt von morgens bis abends in der Bibliothek und lernst in Monaten nicht, was du in einem Beraterprojekt in wenigen Stunden lernst. Das hat uns fasziniert. So sehr, dass wir im Hinterkopf immer den Gedanken hatten: Wir können immer noch Berater werden. McKinsey war infolgedessen der Plan B. Den wir dann allerdings nicht brauchten.

Die gemeinsame *Gründung*

Zum Zeitpunkt unserer Gründung war Olli bereits an Bord. Olli ist richtig gut, der perfekte Mann für technische Herausforderungen, ein Topentwickler – und die beste Unterstützung bei der Realisierung einer Spielidee. Das war für uns der Moment, es fix zu machen, zu gründen.

Wir waren damals zu fünft. Mit an Bord waren noch Tim Reiter und Sebastian Karasek. Sie hatten beide hohen Anteil am Aufbau unseres Unternehmens – und vor allem einen hohen Anteil an der Entwicklung des Spiels. Sebastian ist ein Mann mit einem sehr präzisen Blick auf technische Details, Tim ist Generalist, jemand, der von sehr vielen Dingen sehr viel Ahnung hat – und der zum damaligen Zeitpunkt bereits wusste, wie ein Spiel entwickelt wird. Wir werden die beiden noch näher vorstellen, sie sind ein wichtiger Teil unserer Firmen-DNA, ein wichtiger Teil dieser Geschichte.

Zwar sind Tim und Sebastian den gemeinsamen Weg nicht bis zum Ende mitgegangen, haben aber die Anfangszeiten gleichermaßen geprägt und waren wie wir auch mit dieser Mischung aus Unerschrockenheit, Blauäugigkeit und einem Willen, etwas auf die Beine zu stellen, ausgestattet. Echte Mitstreiter und Kämpfer.

Also machten wir uns alle fünf zu »Co-Foundern«, was den entscheidenden Vorteil hatte, dass man »Co-Founder« nicht bezahlen muss, dass »Co-Founder« kein Gehalt fordern – von da an waren wir Unternehmer. Mal wieder. Daniel hatte bereits mit Janosch und Sebastian zusammen die digitale Plattform »Uberachiever« gegründet, auf der man sich verpflichtet, eine Leistung zu erbringen, also beispielsweise dreimal die Woche schwimmen zu gehen – und bei Nichterreichen der Ziele eine karitative Einrichtung finanziell zu unterstützen. Also beispielsweise 100 Euro an Unicef zu spenden, wenn man nicht regelmäßig schwimmen geht. Die Plattform war durchaus beliebt, wir hatten zwischenzeitlich 1000 bis 2000 Nutzer. Daniel hatte zuvor auch schon die Jobplattform »tibuga« aufgebaut, auch Janosch hatte bereits gegründet. Wir wollten so eine Art wie Absolventa.de bauen, wir hatten bereits ein MVP (Minimum Viable Product), also eine noch nicht ganz ausgereifte, aber funktionierende Version, und sogar an die großen Beraterfirmen Bosten Consulting Group und McKinsey Zugänge verkauft. Aber auch da stockte es, es ging noch nicht durch die Decke. Doch dabei lernten wir unter anderem, wie eine Plattform aufgebaut wird und wie man Nutzerinnen und Nutzer anspricht. Aber wirklich eine Ahnung davon, wie man ein Unternehmen baut, was Marketing bedeutet, hatten wir alle noch nicht.

Fünf Jungs und die *flauschige Fee*

Es war von Anfang an ein Abenteuer, wie ein Spiel, unser erstes gemeinsames Unternehmensspiel. Wir hatten neben der Uni begonnen, etwas unternehmerisch zu wagen. Und der Plan war: ein Spiel bauen und erfolgreich werden. Aber das Wichtigste fehlte. Wir hatten keinen Namen.

Wie sollte das Unternehmen heißen?

We did it our way und fütterten im Netz einen Zufallsgenerator mit allen möglichen Fantasiebegriffen. Irgendwas mit Games, der englische Begriff »fairy« gefiel uns. Und dann spuckte der Zufallsgenerator seltsame Namen aus wie »Fluffy Fairy Unicorn«. Das schien selbst uns etwas zu schräg, zudem war der Name bereits vergeben. Plötzlich tauchte der Name »Fluffy Fairy Games« auf – wir griffen zu.

Ab da waren wir Fluffy Fairy Games. Ein Unternehmen, noch ohne eigene Rechtsform, einfach fünf Typen, die ein Unternehmen bildeten.

Es ist Mitte 2016. Ein regnerischer und eher kühler Sommer steht bevor. Wir starten. Das erste Level ist zweifellos nur das Einsteigerlevel. Erste Abenteuer, hinfallen, aufstehen, wenig Orientierung, viel Energie und Leidenschaft. Kraft sucht Richtung. Wer soll uns aufhalten? Hybris. Was kostet die Welt?

Level 2 in Sicht. Wir wollen es jetzt wissen – und bauen eine frühe Version eines Handyspiels, die unser Leben grundlegend verändern wird. Auch weil es uns gelingt, die Seele des Spiels zu entdecken. Doch zunächst müssen wir das Papierproblem in den Griff bekommen.

WAS UNS IN SCHWUNG BRINGT

oder
das Katzenurin-
Level

*P*apier. Wir hätten nie gedacht, dass Papier zu einem so großen Problem werden kann. 240 Liter fasst die städtische Papiertonne in Karlsruhe. Aber in einem Mietshaus mit mehreren Parteien ist sie recht schnell voll. Vor allem, wenn im Dachgeschoss ein paar junge Menschen versuchen, im Gaming-Business durchzustarten. Zehn Leute, davon fünf studentische Praktikanten, arbeiteten am Ende der ersten Phase bei uns in der WG. Und wenn sie Hunger hatten, wurde Pizza bestellt oder asiatisches Fast Food – und immer kam das Essen in Kartons. Immer wieder Kartons, Kartons, Kartons. Irgendwann begannen die Kollegen, sich Sachen von Amazon »ins Büro«, also zu uns in die WG, schicken zu lassen, und schon wieder kamen neue Kartons an.

Oft waren es auch Handys, die wir zu Testzwecken unseres Mobile Game benötigten. Und Handys kommen eben auch nicht im Stoffbeutel, sondern im Karton, um den wiederum ein Karton herum ist. Und obwohl wir ein virtuelles Business aufbauten, hatten wir ein massives Hardwareproblem, nämlich Amazon-Kartons, Pizzakartons, Asia-Grill-Kartons bis unter die Decke, weil die Tonne, kaum, dass sie geleert war, wieder von uns gefüllt wurde, und das zur hellen Freude unserer Nachbarn.

Kohlsuppe, *Katzenurin* und ein *Feldbett* im Bad

Die Lage und das Umfeld unserer WG waren nicht besonders lebensbejahend. Hinzu kam, dass der Vorbesitzer ein leidenschaftlicher Katzenfan war und nicht nur mehrere

Katzen sehr frei in der Wohnung gehalten hatte, was auch die Kratzspuren an der Tapete bezeugten – sondern die Tiere auch vom Zwang der Nutzung eines Katzenklos befreit hatte. Schön für die Katzen, weniger schön für uns Nachmieter. Der Geruch von Katzenurin war ein treuer Begleiter unserer frühen Erfolge.

Hinzu kommt, dass Karlsruhe zu den warmen Städten in Deutschland zählt. Es soll, auch wegen der Lage am Oberrhein, im Schnitt vier Grad wärmer sein als beispielsweise in München. Hinzu kommen das Jahr über viele Niederschläge, selbst in den Sommermonaten, also ein feuchtwarmes Klima. Und wenn man im obersten Geschoss eines Flachdachhauses lebt und intensiv arbeitet, anfangs zu fünft, später zu zehnt im Wohnzimmer sitzt, dann hat das in den warmen Jahreszeiten so seine Tücken. Es kann sogar richtig kuschelig werden. Nicht selten verrutschte der Code, weil einem von uns der Schweiß auf die Tastatur tropfte. Ja, und es war eng. Es gab nur eine Toilette, und die PCs liefen sich den ganzen Tag warm.

Aber wir waren sehr diszipliniert, wir hatten uns vorgenommen, egal, was passiert, wir fangen morgens um neun Uhr an und hören am Abend um 18 Uhr auf. Wir haben keinen Urlaub gemacht, und alle Ausgaben waren streng limitiert. Als Janosch einmal ein Stövchen kaufte, damit wir den Tee warmhalten konnten, kostete uns das schmerzhafte 20 Euro. Ja, wir sind bescheidene Menschen. Wir sind aber nicht knausrig. Sicher, wir sind Schwaben, da können auch 20 Euro wehtun. Anfangs haben wir auch sehr viel gemeinsam gekocht, und zwar Kohlsuppe. Das war unser Klassiker. Wir setzten einen großen Topf auf und kochten Kohlsuppe. Immer wieder Kohlsuppe, welcher gerne nachgesagt wird, sie verbrenne mehr Kalorien, als sie zuführe.

Wer fängt bei uns im *Wohnzimmer* an?

Vermutlich kann man das nur mit Anfang 20 aushalten: Wohnung unterm Dach, feuchtwarmes Klima, Kohlsuppe auf dem Herd und der Geruch von Katzenurin im Raum. Und weil Olli nicht bei uns wohnte, hatten wir noch ein Feldbett im Badezimmer. Olli und vor allem auch Sebastian schliefen häufig im Badezimmer, wenn wir noch länger arbeiteten, wenn wir noch ein bisschen feierten. Richtig eng wurde es dann im Laufe von 2016, als wir die ersten Erfolge feierten. Hinzu kam der Stress mit dem oben erwähnten Papiermüll– und vor allem mächtig Stress mit dem Vermieter. Denn parallel zum Durchbruch in der Spieleentwicklung entwickelte sich eine juristische Auseinandersetzung um die Fortsetzung unseres Mietverhältnisses. Es war die Zeit, als wir Bewerbungsgespräche in Daniels Zimmer machten und hofften, dass sich auch erfahrene Entwickler für eine Karriere in unserem WG-Wohnzimmer entscheiden würden. Was wiederum gar nicht leicht ist – Leute zu überzeugen, ihren Job in einem klimatisierten Büro sausen zu lassen, um bei uns im stickigen Wohnzimmer anzufangen. Bei Fluffy Fairy Games. Mit Kohlsuppe und Feldbett. Und einem Würgereiz auf Katzenuringestank.

Ja, diese WG hatte, rein äußerlich, wenig Positives vorzuweisen. Wer zu uns mit der Straßenbahn kam, stieg an der Haltestelle »Hauptfriedhof« aus. Im Erdgeschoss des Hauses befand sich ein Beerdigungsinstitut und wenn wir aus dem Fenster schauten, blickten wir auf Grabsteine.

In diese Gegend kam man nicht zum Lachen oder Spielen. Und doch bauten wir ein Spiel. Das war das Ziel. Wir wussten zwar nicht, wie man Games baut, wie man da genau anfängt, was man dafür braucht. Aber ein Spiel wie »Candy Crush« oder »Clash of Clans« schien uns der beste Schlüssel, um im Team zu gründen und ein Unternehmen aufzubauen.

Unsere Devise war damals: Fang einfach an, auch wenn du noch keine genaue Idee von einem Produkt hast. Das würden wir auch heute jedem Gründer empfehlen. Bevor du lange auf eine Idee, auf »die« zündende Idee wartest (die dann doch nicht kommt), nutze die Zeit und starte dein Business. Fang an! Und vor allem: Mach keinen Quatsch.

Wir hatten uns Gaming als Geschäftsfeld vorgenommen, weil wir das alle selbst gerne machten: zocken. Wir trauten uns zu, ein Spiel zu entwickeln – weil wir als erfahrene Spieler wussten: Das Wichtigste bei einem Spiel ist die Seele.

Ein Spiel muss eine *Seele* haben

Denn merke: Das Game kann eine noch so tolle Grafik haben, es kann supergut aussehen, perfekt konstruiert sein, bis ins kleinste Detail gezeichnete Animationen enthalten –

wenn es jedoch keine Seele hat, ist es nichts wert oder noch schlimmer: Es wird nicht gespielt.

Der Haken dabei: Die Seele ist nicht planbar.

Sicher, die Details müssen stimmen, die Spieler müssen in eine neue Welt eintauchen können, sich wohlfühlen, sie sollen es gerne spielen. Wie wir es geschafft haben, ein Spiel zu entwickeln, das nicht nur Millionen von Downloads geschafft hat, sondern eben auch eine Seele hat? Warum gerade »Idle Miner Tycoon« und auch der viel spätere Nachfolger »Idle Factory Tycoon« eine Seele haben?

Das ist nicht so einfach zu beantworten. Für unsere Geschichte müssen wir in der Historie etwas zurückblättern.

Ein sehr altes *DOS-Spiel*

1989 veröffentlichte der Publisher Frodosoft ein Computerspiel: den »Miner VAG«. In dem Spiel schlüpft der Spieler in die Rolle eines Bergmanns und macht sich auf die Suche nach seltenen Erden, also nach Rohstoffen wie Silber, Gold und Platin. Ziel des Spiels war es, genug Geld zu sammeln, um am Ende Mimi zu heiraten und sich zur Ruhe zu setzen. Dieses sehr alte DOS-Spiel war jetzt nicht der überragende Erfolg, auch würde die unterkomplexe Grafik heute kaum jemanden begeistern, war doch der Bildschirm zu großen Teilen braun, weil sich das meiste ja in der Erde abspielte. Und doch gab es einen, der das Spiel kannte, es sogar selbst gespielt hatte, obwohl er erst nach Erscheinen des Spiels zur Welt gekommen war: unser Olli.

Ihr erinnert euch: Unser epischer Hunde-Katzen-Krieg wurde in die Tonne getreten. Deshalb musste schnell etwas Neues her. Wir gaben uns im Sommer 2016 zwei Monate, um ein neues Spiel zu entwickeln, acht Wochen bis zur Marktreife, im Juli 2016 sollte es fertig sein. Sehr sportlich. Um den Druck noch stärker zu erhöhen, datierten wir sogar die Release-Party und verkündeten das Datum auf Facebook. Es wäre eine maximale Schmach gewesen, hätten wir es nicht in diesen zwei Monaten geschafft.

Für uns waren zwei Sachen klar: Es sollte erstens ein Spiel fürs Handy werden. Und es sollte zweitens ein Idle Game werden. Idle Games sind Spiele, in denen der Spieler simple Aktionen ausführt, also beispielsweise: simples Klicken. Durch das Klicken erhält er eine »Währung«, die wiederum in Gegenstände oder Fähigkeiten investiert wird. Durch das Erhöhen des »Einkommens« können Ziele erreicht werden, im Prinzip geht das Spiel dann endlos weiter. Denn im Idle Game können Spieler das Spiel verlassen, ohne dass es unterbrochen wird. Stattdessen läuft es im Hintergrund weiter, es »idelt« – auch ohne Input des Spielers. Übersetzt bedeutet »idle« im Deutschen: untätig – und ein Idle Game bietet dem Spieler die Chance, »untätig« weiterzuspielen. Klinkt er sich wieder in das Spiel ein, können die in seiner Abwesenheit erwirtschafteten Gewinne eingesammelt werden. Idle Games gelten als beliebte Zeitvertreiber, vor allem für Gelegenheitsspieler, die auf die Bahn oder den Bus warten, oder deren Erdkunde-Unterricht etwas zu langweilig geworden ist.

In den *Tiefen* wurden wir fündig

So suchten wir unter Hochdruck eine Spielidee. Wir dachten zuallererst an etwas mit einer Fabrik. Eine andere Idee war der Bau von kleinen Siedlungen. Und dann erzählte Olli vom »Miner VAG«. Und eine Mine entsprach in vieler Hinsicht unserer Vorstellung. Zum einen war es eine einfache, klar verständliche Story: Grab in der Mine nach Kohle. Je mehr Kohle, desto besser. Das ist eine bestechend simple Logik und vorzüglich geeignet für ein Gelegenheitsspiel. In unserem Hund-gegen-Katze-Spiel hatten wir unter anderem das Ziel ausgegeben, dass es ein Zehn-gegen-Zehn-Duell gibt, also zehn Spieler als Katzen gegen zehn Spieler als Hunde. Alles zu kompliziert. Eine Mine dagegen – wow, das versteht wirklich jeder!

Und der zweite, fast schon entscheidende Vorteil der Mine ist die Grafik. Wir wollten ein Handyspiel, das Hochkant gespielt wird, man sollte es mit einer Hand spielen können. Minenoptik und Graben in die Tiefe lassen sich perfekt im Hochkantmodus abbilden. Die Idee war geboren. Unserem Ansatz folgend, dass wir keine Fantasy-Mittelalter-Helden wollten, gestalteten wir unseren Minenarbeiter zu einer netten Figur, mit einem großen Kopf, einem proportional zum Kopf etwas kleineren Körper und einem breiten Grinsen. Ein bisschen Augenzwinkern darf nicht fehlen. In erster Linie wollten wir ein Grafikspiel etablieren, das für eine breite Masse zugänglich ist, das niemanden so richtig abschreckt. Deswegen entschieden wir uns für Minenarbeiter, die nett aussehen und lachen.

Und fertig war das Spiel beziehungsweise die Idee. Die Umsetzung ging rasend schnell. Wir hatten eine tolle Idee gefunden, mit einer einfachen und sehr verständlichen Spiellogik und sehr sympathischen Charakteren. Mehr brauchte es nicht. Wir waren wie im Tunnel, wir programmierten das Spiel, dachten schon in diesen zwei Monaten an Updates, Erweiterungen und neue Spielansätze, nach der Kohle sollte das Gold, sollten die Diamanten kommen.

Vor allem waren wir als Spieler begeistert. Wir konnten es selbst kaum erwarten, »Idle Miner Tycoon« zu spielen.

Sicher, wir selbst haben eine tiefe Liebe zu Games. Wir sind Zocker, wir haben viele Spiele gespielt. »Clash Royal«, »Candy Crush«, »Clash of Clans«. Aber keiner von uns hatte zuvor ein richtiges Spiel gebaut. Wir hatten keine Ahnung, wie viel Arbeit es eigentlich macht, eines zu entwickeln.

Der Schlüssel für ein gutes Spiel, das wissen wir heute, ist Feedback.

Das ist uns früh klar geworden, gerade nach der vernichtenden Kritik auf unsere ersten Gehversuche.

Feedback **bekommen und** *selbst spielen*

Deshalb haben wir statt eines fertigen Spiels zunächst eine frühe Version gebaut, in der lediglich ein paar Grundfunktionen enthalten waren. Diese Frühversion stellten wir dann potenziellen Nutzern zur Verfügung. Und von denen gibt es kein Geld – von denen gibt es Feedback.

Wir hatten bis dahin keine Ahnung, ob das Spiel überhaupt Sinn ergab. Hätten wir nicht von Anfang an so viel

Feedback eingeholt, hätten wir vielleicht ein komplizier-
teres Spiel gebaut, ein bis ins letzte Detail ausgetüfteltes
Spiel. Das womöglich am Ende niemand gemocht hätte.
Wir wollten aber von Anfang an ein Spiel bauen, das den
breiten Massenmarkt erreicht. Und jeder, der es spielte,
hat unser »Minenspiel« sofort geliebt. Und zwar, weil es
so simpel ist. Ohnehin lassen sich unsere Grundregeln für
ein gutes Spiel auf drei wesentliche Punkte reduzieren:

1. einfache, schnell verständliche Konzepte;
2. schnelle Updates und agile Entscheidungen sowie
3. mit den Usern in Verbindung bleiben – immer.

Vermutlich nähert man sich damit auch der Seele eines
Spiels. Klingt alles sehr linear und folgerichtig. Doch es
gibt auch noch das reale Leben. Und weil wir uns auch von
irgendetwas ernähren mussten, arbeiteten wir noch nebenbei. Hinzu kam: Investoren waren nicht von uns überzeugt. Fremdkapital lag in weiter Ferne. Wer wollte schon
ein paar Nerds, die keine Ahnung hatten, Geld zur Verfügung stellen? So waren unsere diesbezüglichen Versuche
auch richtige Rohrkrepierer.

Einmal hatten wir einen Termin bei Klaas Kersting,
dem Flaregames-Gründer. Klaas ist eine Instanz in Karlsruhe und ein »Star« der Gaming-Branche. Er hatte uns
eingeladen, für uns eine große Ehre, dass sich so jemand
Zeit nimmt. Ein Engagement von Klaas, ein Investment
in unsere Firma, hätten uns deutlich gepusht. Wir waren
tierisch aufgeregt vor dem Termin.

»Warum *grinst der Typ* so breit?«

Doch an diesem Freitag im April 2016 standen wir vor einem Dilemma. »Front Yard Wars«, unser »Tierprojekt« mit Laserschwert, war Geschichte, das konnten und wollten wir Klaas nicht zeigen. Uns war inzwischen selbst klar, wie lausig wir das umgesetzt hatten. Doch etwas Neues hatten wir noch nicht in petto, zumindest nicht vorzeigbar. »Idle Miner Tycoon« war in Arbeit, genauer gesagt, am Tag des Treffens mit Klaas hatten wir angefangen, »Idle Miner Tycoon« zu entwickeln. Wir wollten nichts riskieren. Nachher hätte Klaas gesagt: »Was? Eine Mine? Oh Gott! Und warum grinst der Typ so breit?«

Auf keinen Fall wollten wir, dass das Spiel zu früh gekillt wird. Auf der anderen Seite war Klaas der Einzige, der sich Zeit für uns nahm. Kein anderer potenzieller Investor wollte mit uns sprechen. Das hatten wir mal wieder sehr stümperhaft eingefädelt: Wir hatten nichts, was wir ihm zeigen konnten, wollten aber Geld von ihm – für etwas, das wir ihm nicht zeigen konnten. Wenn der Aufbau eines Start-ups Lehrstoff wäre, dann hieße diese Lektion: So besser nicht machen!

Wobei Klaas wirklich nett war. Er nahm sich Zeit, hörte sich an, was wir vorhatten, warum wir so überzeugt vom Thema Gaming waren. Als wir das Gespräch ganz elegant – also im Rahmen unserer damaligen Möglichkeiten – zum Themenkomplex Geld und Finanzen steuerten, wies Klaas freundlich darauf hin, dass er selbst ein Gaming-Unternehmen habe und sich mit einem Investment in eine andere

Gaming-Firma nicht selbst Konkurrenz machen wolle. Bang, das klang einleuchtend. Klar, es war ein Nein, ein klares Nein. Aber, wie sagte Janosch später: »Es war wenigstens ein nettes Nein.«

Ihr werdet sicher schon bemerkt haben, dass wir uns in dieser Phase langsam konsolidierten. In der Außenwahrnehmung waren wir zwar ein paar Spinner, aber nett. In der Innenwahrnehmung schwammen wir uns indes frei, lernten, entwickelten, kooperierten, kollaborierten. Konstruktiv, nach vorne, jeden Tag ein paar Zentimeter nach vorne. Und dazu gehört auch die nächste kleine Fähigkeit.

Selbst spielen, *immer!*

Denn eine der wichtigsten Voraussetzungen für den Erfolg im Gaming-Business ist: selbst spielen. Immer und immer wieder.

Auch wir haben unser eigenes Spiel unendlich oft gespielt. Das ist entscheidend, es ist eben nicht nur die Mechanik, die zusammengebastelt wird, damit andere etwas damit anfangen können. Nein, es ist unser Spiel. Unser Spiel entspricht uns, unser Spiel begeistert uns selbst. Wir haben sehr viel Zeit für und sehr viel Zeit mit dem Spiel verbracht, wir haben es gehegt, gepflegt und weiterentwickelt.

Aber, noch einmal auf den Punkt: Die Seele eines Spiels ist nicht planbar.

Auch unserer WG hatten wir eine Seele eingehaucht. Wir hatten etwas umgebaut, hatten mithilfe alter Möbel einer Großtante und ein paar Ikea-Tischen Arbeitsplätze für insgesamt zehn Mitarbeiter geschaffen. Es schien alles improvisiert und nicht richtig zu Ende gedacht.

Das zweite Level ist das erste Orientierungslevel. Frühe Ordnung und Struktur finden, eigene Unzulänglichkeiten akzeptieren, Schwächen zu Stärken formen. Richtung sucht Halt. Was bringt uns in Schwung? Wer könnte uns mögen?

Level 3 in Sicht. Der Tag, an dem sich in unserem Wohnzimmerflur Dutzende Paar Schuhe stapeln, sich überall in der Wohnung Menschen über die Handys beugen und zocken, und plötzlich die Erkenntnis: Wir sind auf Kurs!

SELBST-BEWUSSTSEIN TANKEN

oder
das Schuhstapel-
Level

*W*ie so oft in der ersten Phase war auch der Tag der Release-Party eine Wanderung auf sehr schmalem Grat. Alles hätte auch anders ausgehen können. Wir hatten Freunde und Bekannte eingeladen, wollten ihnen unsere Testversion zeigen. Nach der herben Kritik am Hunde-und-Katzen-Spiel hatten wir inzwischen ein komplett neues Mobile Game entwickelt. Die Fehler, die wir vorher gemacht hatten, haben wir weitgehend vermieden, saubere Grafiken erstellt, ein sich selbsterklärendes Spiel. Wie in einem Flow haben wir es umgesetzt, es ging erstaunlich schnell, ein Rädchen griff ins andere. Was wir jetzt zeigen konnten, war kein fertiges Spiel – Spiele werden ohnehin nie fertig, sie entwickeln sich immer weiter –, aber es war eine Version, die funktionierte, mit der man spielen und Spaß haben konnte.

Und so zeigten wir zum ersten Mal das Baby »Idle Miner Tycoon« der Welt.

Ein Bild dieses Tages hat sich bei uns besonders eingeprägt. In unserem Flur stapelten sich Schuhe. 50 Leute kamen zum Testspiel, und wir baten jeden, sich die Schuhe auszuziehen. Der WG-Boden sollte sauber bleiben. Es sammelte sich an der Haustür ein Berg aus Sneakern und Turnschuhen. Der Geruch war das eine Thema, aber der ging vorbei. Das andere Thema: Es gab einen, der uns ohnehin auf dem Kieker hatte und der aus dieser Release-Party am liebsten eine Abschiedsparty gemacht hätte: unser Hausmeister.

Der *Hausmeister* und seine *Unwillkommenskultur*

Er wohnte im Haus, ausgerechnet im Stockwerk unter uns, und beäugte ohnehin schon sehr kritisch, was im Dachgeschoss vor sich ging. »Das ist kein Gewerbegebiet – und Sie haben da oben Publikumsverkehr!« Das war ein gängiger Vorwurf, den er uns immer wieder an den Kopf geworfen hatte. Für ihn war es ein Unding, dass wir in unserer WG ein Unternehmen hochziehen wollten. Und ja, er sah wirklich aus wie ein Hausmeister, als sei er extra für unser Drehbuch gecastet worden. Graue Haare, jenseits der 50, stilecht mit Blaumann. Er war morgens um sechs Uhr wach und verteidigte »sein« Haus und die Hausordnung, als drohe die Belagerung. Er beobachtete jeden, der kam, stand urplötzlich im Treppenhaus und lebte die ihm eigene Unwillkommenskultur. An der Türklingel und am Briefkasten hatten wir einen handgeschriebenen Zettel mit »Fluffy Fairy Games UG« kleben, vor allem wegen der Post vom Finanzamt – für ihn der Beweis, dass da oben irgendwas Unrechtmäßiges vor sich ging. Wir hatten allerdings Vorsichtsmaßnahmen getroffen. Denn als wir viele Praktikanten hatten, also mehr Leute zum Arbeiten kamen, baten wir sie, nicht alle gleichzeitig um neun Uhr zu kommen.

Zwar war uns Disziplin und damit ein pünktlicher Arbeitsbeginn sehr wichtig, noch wichtiger war aber, die Wohnung zu behalten. Deshalb mussten alle etwas zeitversetzt kommen, so im Fünf-Minuten-Takt. Was im Laufe der Zeit etwas belastend wurde, etwa als wir begannen, professionelle Entwickler einzustellen und Teil der »Job Description« war, nicht exakt um neun Uhr aufzutauchen. Überhaupt war es riskant, Stellenanzeigen mit unserer Adresse online zu stellen. Sie waren schließlich der Beweis, dass wir nun wirklich keine »studentische Lerngruppe« mehr waren. Das mit der Lerngruppe war bis dahin die Erklärung für das rege Treiben im Dachgeschoss gewesen.

»Ich sorge dafür, dass das *ein Ende hat!*«

Jedenfalls war die Release-Party im Hochsommer 2016 zu viel für unseren Hausmeister. Und an diesem Spätnachmittag braute sich in ihm alle Wut zusammen. 50 Leute in der Wohnung! PUBLIKUMSVERKEHR! Während in der Wohnung verteilt die Gäste am Handy klebten und zockten, klingelte es an der Tür und der Hausmeister brüllte: »Morgen fliegt ihr hier raus! Das verspreche ich euch!« »Das sind doch nur Studienfreunde«, versuchte Janosch abzuwiegeln. Was der Hausmeister indes nicht mehr glaubte. »Ich melde das bei der Hausverwaltung! Das geht jetzt an den Anwalt!« Nach einem krönenden und ebenfalls sehr laut vorgetragenen »Ich sorge dafür, dass das jetzt ein Ende hat!« drehte er sich um und ging wutschnaubend die Treppe runter.

Und so lagen Glück und Unglück wieder nahe beieinander. Eine fristlose Kündigung der Wohnung wäre zu diesem Zeitpunkt eine Katastrophe gewesen. Die Wohnung hatte zwar ihre Nachteile (direkt unterm Dach, Katzenurin, Kratzspuren, kein warmes Wasser in der Küche), andererseits war sie bezahlbar, lag günstig und wir hatten in dieser Phase bestimmt kein Geld, um schnell woanders etwas Gleichwertiges hochzuziehen, um schnell in einer neuen Wohnung wieder bezahlbar ein paar Arbeitsplätze zu installieren.

Kurz gesagt: Von außen drohte das Ende. Und drinnen tobte der Anfang.

Der grinsende *Minenarbeiter geht los*

Das Thema unseres Spiels ist der Bergbau oder das Mining. Es hat etwas von Schürfen, Sammeln und von Anhäufen. Außerdem ist der spielerische »Abbau« von Rohstoffen sehr einfach zu verstehen, es muss keine lange Erklärung abgegeben werden. Wir haben in »Idle Miner Tycoon« gezielt den Minenarbeiter losgeschickt, um in einer Mine zu arbeiten, um Kohle zu schürfen. Das ist wie gesagt eine sehr einfache Idee. Es ist zweifellos entscheidend, dass die Spieler in Sekundenschnelle das Spiel erfassen, sie müssen es intuitiv lernen. Eine »Spielanleitung«, ein Handbuch oder Erklärvideo wären absolut demotivierend.

Also macht sich unser breit grinsender Minenarbeiter ans Werk. Er schaufelt unter Tage Kohle, ein anderer Minenarbeiter, gleichermaßen grinsend, verfrachtet die Kohle in einen Lastenaufzug. Von dort wird sie in ein Lager gehievt – was den Manager freut und die Gewinne sprudeln lässt. Ziel ist es, die Arbeit in den Minen zu perfektionieren, für immer reibungslosere Abläufe und damit für mehr Umsatz zu sorgen. BWL als Spiel. Und das Beste an »Idle

Miner Tycoon«: Es geht auch weiter, wenn die Spieler nicht am Gerät sind. Die Minenarbeiter machen weiter, schaufeln Kohle und füllen das Konto.

Wir haben bereits von der Seele eines Spiels gesprochen. Die Seele des »Idle Miner Tycoon« lässt sich am ehesten damit beschreiben, dass etwas anwächst, dass Umsatz geschaffen wird – und vor allem, dass es die Spieler selbst in der Hand haben, ertragreiche Minen aufzubauen.

Was wir den Testspielern, damals in Karlsruhe, gezeigt hatten, war jedoch noch eine sehr rohe Version. Es war die früheste Version, die wir hatten, es gab die Kernfunktionen, die Spielidee der Minenarbeit war ersichtlich – und wer die Schuhe auszog, durfte spielen. Wir konnten diesen Tag kaum erwarten, der Augenblick war extrem spannend, wir hatten keine Ahnung, wie die Spieler reagieren, ob sie es annehmen, ob sie sich mitreißen lassen, was überhaupt geschehen würde. Unser Hausmeister war in seinem Zorn sehr berechenbar, er wollte uns loswerden – aber wie die anderen auf unser Spiel reagierten, das war absolut nicht vorhersehbar.

Zwei Monate waren seit der vernichtenden Kritik vergangen. Zwei Monate voller Arbeit, voller Enthusiasmus und einem selbstbewussten Jetzt-erst-recht-Denken. Und nun saßen an diesem Junitag überall in der Wohnung Menschen und spielten UNSER Spiel. Um 18 Uhr (nach Dienstschluss!) ging es los. Es gab Bier, es gab Brezeln. Wir hatten auf Facebook gepostet, dass wir zum Gaming einladen, und gekommen waren zum einen der Karlsruher Gaming-Adel, also gut gepolsterte Männer mit Gesichtsbehaarung und dem obligatorischen Metal-T-Shirt. Einer hatte ein Shirt an, auf dem »Player Killer« stand, also wirklich stilecht. Echte Gamer wirken zwar immer etwas bedrohlich (sind es aber nicht), aber ihr Urteil ist entscheidend. Sie sagen dir unverblümt ins Gesicht, wenn sie das Spiel kacke finden. Und wenn es gut ist, heben sie den Daumen. Dann nickt der Kopf, der Vollbart vibriert leicht und du weißt: Ja, es ist gut!

Doch wir hatten nicht nur Gamer geladen.

Gut, unser Kommilitone Christian konnte nicht, hatte per Facebook kurzfristig abgesagt, weil er übersehen hatte, dass er zum Fantasy-Rollenspiel musste. Doch ein paar unserer Kollegen von delta kamen. Das war interessant. Die hatten eher einen BWL-Background, hießen Justus und trugen Polohemd. Kulturell sozusagen das Komplementäre zu unseren Metal-Gamern. Gegensätze – könnte man auch sagen. Aber umso besser für uns, so viel unterschiedliche Gamerinnen und Gamer wie möglich ans Gerät zu lassen. Wir verteilten Handys, die Android-User konnten auch ihr eigenes nutzen. Daniel hatte vorher noch gesagt: »Niemand spielt lange, wenn ihm ein Spiel nicht gefällt.« Umso spannender die Frage: Wer spielt wie lange? Wer hört als Erster auf?

Wir gingen herum, haben jeden Einzelnen, jede Einzelne beobachtet. Verstehen sie es? Haben sie Spaß? Wir sind durch die Wohnung getigert, von Spieler zu Spieler. Wir haben auf ihre Hände geschaut: Warum drücken sie jetzt nicht den Button? Was muss passieren, damit sie den Button drücken?

Wir haben in ihre Gesichter geschaut: Sind sie wirklich angetan? Haben sie Spaß? Und: Warum sind wir eigentlich so nervös?

Die Testnutzer *liebten es*

Unsere Nervosität war unnötig. Denn was wir sahen, war Freude, die helle Freude. Ob Metal-Shirt oder Ralph-Lauren-Polo – beide Parteien schienen es zu mögen. Sie versanken in das Spiel. Sie spielten es eine Stunde, zwei Stunden, sie zogen sich das Spiel richtig rein. Sie hatten Spaß! Yeesss! »Im Grunde ist es ein supersimples Spiel«, sagte einer, »aber es hat halt superviel Spaß gemacht.« Das war das Feedback, das wir brauchten. Wir wollten wissen, ob das, was wir ausgeheckt hatten, überhaupt Sinn ergibt.

Nach dieser Release-Party war klar: Die Testnutzerinnen und Testnutzer hatten es sofort geliebt. Weil es einfach ist. Weil es jeder versteht. Wir hatten uns nicht hinreißen lassen, ein ausgetüfteltes, hoch kompliziertes Spiel zu bauen, mit detaillierter Grafik und einer hollywoodtauglichen Storyline. Monatelang hätten wir an diesem Game arbeiten können – auf die Gefahr hin, dass es am Ende keiner gemocht und vor allem keiner gespielt hätte. Aber wir wollten eben von Anfang an ein Spiel bauen, das den breiten Massenmarkt erreicht. Dafür braucht es Feedback.

Wir haben es später immer wieder so gemacht. Unsere Mütter spielen lassen, Verwandte, Nachbarn. Wenn diese es verstanden, wenn sie smarte Spielentscheidungen trafen und Spielfortschritte machten, wussten wir immer, dass wir richtig lagen. Wer viel erreichen will, muss eine verständliche Sprache sprechen. Das gilt auch und gerade für Spiele. Künstlerisch hochwertige Spiele mögen in Logik und Ästhetik dem »Idle Miner Tycoon« überlegen sein. Ziel eines Spiels ist es jedoch, gespielt zu werden.

WAS EIN GUTES GAME AUSMACHT

Jedes Spiel wird unter unnormalen Umständen entwickelt. Spiele sehen zwar gleich aus, werden aber immer anders hergestellt.

Was man über ein gutes Game *wissen muss*

- Games gehen nicht nur in eine lineare Richtung, sie verändern sich innerhalb von Millisekunden.
- Games müssen auf die Aktionen der Spieler sofort reagieren.
- Mit dem Klick auf einen Button kann sich das Spiel komplett neu laden und eine neue Welt anzeigen.
- Wird das Spiel verlassen, muss das Spiel alle Daten speichern.
- Ranglisten sind wichtig, um zu sehen, wie gut man im Verhältnis zu den anderen Spielern abschneidet. Deshalb müssen Spielaktionen transparent und einsehbar sein.

Wie sich ein gutes Game *planen* lässt

- Zeitabläufe und Arbeitspakete bei Games, vor allem Mobile Games, auf längere Sicht zu planen, ist fast unmöglich.

- In der traditionellen Softwareentwicklung geht verlässliche Planung über die Arbeitspakete. Bei Games fragt man sich: Wo macht es Spaß? Wie lange hält der Spaß an? Hast du genug Spaß erzeugt?
- Zeichnungen und Grafiken (Arts), die auf dem Papier gut aussehen, garantieren nicht unbedingt einen Spaß beim Spielen.
- Spiele schnell iterieren, direkt am Markt testen – deshalb sind es oft nur wenige Tage oder gar Stunden, bis entschieden wird, ob das Spiel gekillt werden soll oder nicht.
- Erst wenn der Markt es annimmt, kannst du richtig planen.

Tools bei der *Game-Entwicklung* sind immer *verschieden*

- Generell gilt: Große Ideen müssen von einem Blatt Papier in ein fertiges Produkt umgesetzt werden. Dafür ist ein gutes Toolset notwendig.
- Um Spiele zu entwickeln, müssen Artists und Designer mit einer breiten Palette an Software arbeiten.
- Tools wie Photoshop oder Unity Engine werden ebenso eingesetzt wie unbekannte Apps. Doch selbst die Standardtools ändern sich ständig, es gibt beispielsweise neue Photoshop-Versionen oder ein Unity-Engine-Upgrade.
- Wie bei den Technologien ändern sich auch die Anforderungen der Entwickler.

- Wenn ein Tool zu langsam lädt, wenn wichtige
  Features fehlen, kann das Bauen eines Spiels frus-
  trierend werden.

Warum du ein Game immer *selbst spielen* musst

- Erfahrung bei der Spieleentwicklung ist das eine, doch
  ob ein Spiel wirklich Spaß macht, wirst du erst merken,
  wenn du das Spiel selbst spielst.
- Es geht um das Gefühl: Fühlt sich der Spielfluss gut an?
  Macht es wirklich Spaß, Unmengen an Geld durch deine
  Minen wie bei »Idle Miner Tycoon« zu erzeugen?

Wohin sich Games *entwickeln*

- Der Wandel von Konsolen und PC-Games hin zu
  Mobile Games hat sich in den vergangenen Jahren
  sehr beschleunigt.
- Innerhalb der Mobile Games hat sich viel getan,
  vor allem bei der Grafik, aus einer 2-D-Welt wird
  immer mehr eine 3-D-Welt.

Wie Games *bewertet* werden

- Im Spiel taucht ein Pop-up auf, mit der Frage,
  wie der Spieler das Spiel findet.
- Wenn er das Spiel bewertet, gibt es eine
  Belohnung.

Wie man mehr Bewertungen *bekommt?*

Grundsätzlich gibt es eine Methode, die sich durchgesetzt hat: Ein Pop-up kommt an eine Stelle, in der sich der Spieler gut fühlt. Zum Beispiel hat er sich gerade die Goldmine gekauft. Zack, was für ein Erfolg! Und jetzt kommt das Pop-up: »Willst du das Spiel nicht bewerten?« Nach erfolgreicher Bewertung haben die Spieler eine kleine Belohnung erhalten und wir konnten öffentlich auf Google oder den Apple-Geräten zeigen, was die Spieler denken. Win-Win. Genau das Gleiche würden wir hier auch gerne vorschlagen. Das hier ist das Pop-up! Gebt uns online eine Bewertung, wo ihr das Buch gekauft habt. Wenn ihr als Beweis ein Foto oder einen Screenshot an kolibristory@blncapital.com schickt, gibt es im Gegenzug eine kleine Aufmerksamkeit!

Der einfache *Zugang*

Forscher wie Mitchel Resnick vom MIT Media Lab sagen, Spielen sei die einzige wirkliche Superpower des Menschen. Spielen hilft, die Welt zu erforschen, zu verstehen und neu zu gestalten, also kreativ zu sein. Spielen sei eine Haltung, eine Art, sich mit der Welt auseinanderzusetzen, bei der man ständig experimentiere, neue Dinge ausprobiere, Risiken eingehe und die Grenzen austeste. Das macht die Faszination von Spielen, auch von PC- und Mobile Games aus. Wir erfahren etwas über uns selbst. Im Spiel erkennen wir unsere Fähigkeiten. Auch deshalb sollte der Zugang zu einem Spiel vor allem eines sein: einfach.

Zwei Monate waren seit der Schmach mit dem ersten Spielversuch vergangen, nur zwei Monate – wir waren motivierter denn je. Das Spiel funktionierte, nun wollten wir es veröffentlichen. Auf Google Play und bei Apple natürlich. Die Aufnahme ist im Prinzip nicht schwer. Im Grunde wird das Meiste genommen. Die Texte müssen klar lesbar sein, es muss als Spiel gekennzeichnet sein. Und dann muss es irgendwie entdeckt werden. Im Prinzip ist es wie in einer Buchhandlung, vorne liegen die SPIEGEL-Bestseller, hinten im Regal die Biografien aus den kleinen Verlagen. Und in den Playstores liegen »vorne« Spiele wie »Candy Crush« und hinten die etwas unbekannteren Mobile Games, wie eben damals, 2016, unser Produkt aus der WG am Hauptfriedhof.

Die Chance besteht im organischen Wachstum. Über die Downloads wird der Algorithmus aufmerksam und das

Spiel rutscht schnell nach »vorne«, es wird sichtbar und landet im Umfeld vergleichbarer Games, die von der Zielgruppe gespielt werden. Wir hatten eine lange Excel-Liste mit allen Menschen, die uns einfielen, Freunde, Familie, Bekannte, Kommilitoninnen und Kommilitonen, Leute von delta, Freunde von früher, Nachbarn, rund tausend Namen standen auf der Liste. Mit allen nahmen wir Kontakt auf, baten sie, das Spiel kostenlos herunterzuladen, und uns zu bewerten, fünf Sterne am besten. Wir wollten schnell sichtbar und schnell beliebt sein. Jede einzelne Bewertung war wichtig. Und es funktionierte, allmählich kamen die Downloads.

Die Leute spielten es. Wir konnten es beobachten. Jeder einzelne Download war in dieser Phase ein Erfolg.

Herbst der *Entscheidungen*

Langsam änderte sich etwas. Der Herbst der Entscheidungen stand vor der Tür. Zuerst hat der Hausmeister ernst gemacht. Wir bekamen Post vom Anwalt der Hausverwaltung, und das Schreiben war sehr hart formuliert. Juristisch gesehen fehlte ihnen die Handhabe. Offenbar taten sie vor allem dem Hausmeister einen Gefallen, dass mal »durchgegriffen wird«. Außerdem riefen wir umgehend in der Kanzlei an und machten gut Wetter. Aber das ist etwas, was man als Gründer nicht immer auf dem Schirm hat. Man denkt an das Produkt, wie innovativ es ist, in welche Märkte man hineinwill, man denkt an seine Zielgruppe, wie man diese ansprechen und überzeugen kann – aber man denkt eben nicht an einen Hausmeister, der einem jeden Tag das Leben schwer macht. Unser Learning: Es sind auch diese Nebengeräusche, diese kleinen Hürden, über die man stolpern kann, die man vorher nicht auf dem Zettel hat.

Doch, wie gesagt, der Wind frischte auf.

Wir waren nicht mehr die WG-Bewohner, die erfolglos an einem Spiel tüftelten, sondern es schien alles Gestalt anzunehmen. Wir waren WG-Bewohner, die etwas Gutes geschaffen hatten.

Also trafen wir Entscheidungen.

Herausforderung Nummer eins: Was machen wir mit dem Studium? Weitermachen? Master machen?

Unsere Entscheidung: Beenden, schnell und sauber, aber wenigstens mit einem Bachelor. Alle drei haben wir ihn geschafft. Das aber hatte Folgen für unseren Alltag: Wir sind morgens um sechs Uhr in die Universitätsbibliothek gefahren, um uns auf die Masterklausuren vorzubereiten, saßen dort drei Stunden, haben versucht zu lernen, während wir die ganze Zeit auf unser Handy schielten und die eingehenden Downloadzahlen von »Idle Miner Tycoon« verfolgten. Es war schwer, sich auf die Theorie zu konzentrieren, während die Praxis nur so tobte.

Um neun Uhr gingen wir wieder nach Hause, um weiterzuarbeiten, um das Spiel zu verfeinern, um das Feedback der User zu lesen, um neue Features einzubauen. Nach »Dienstschluss« gingen wir abends wieder an die Uni, wieder in die Bibliothek, wieder zum Lernen. Das war stressig.

Vor allem auch, weil wir das Studium richtig gut beenden und zeigen wollten, dass wir sowohl praktisch als auch theoretisch klasse sind. Ja, das war ein Stress. Und wie gestresst wir waren, sah man uns an. Daniel zum Beispiel, er wippt im Sitzen sein Bein immer auf und ab, wenn er nervös ist, wenn er gestresst ist. Das merkt er selbst nicht immer.

Bei einer Klausur hat er so heftig mit dem Bein gewippt, dass die ganze Bank gewackelt und ordentlich Lärm gemacht hat. Ein Kommilitone rief ihm genervt zu, er solle das lassen. In den Seminaren mussten wir anwesend sein, haben aber nebenbei das Spiel getestet und ständig auf das Handydisplay geschaut. In den Vorlesungen waren wir nicht mehr. Und irgendwann mussten wir einsehen: Es wird nicht klappen, wir werden kein Unternehmen aufbauen können und parallel einen Masterabschluss machen. Deshalb beendeten wir den Master.

Im *Silent Room*

Ja, es änderte sich etwas. Wir hatten endlich etwas geschaffen, das Menschen nutzen wollten. In unserer WG blieb hingegen alles beim Alten. Wir saßen in einem Raum, haben gearbeitet. Es gab das Hauptarbeitszimmer, unser Wohnzimmer, das war der »Silent Room«, dort wurde gearbeitet, nicht geredet. Ein Prinzip, das wir bis zum Schluss, bis zum Verkauf von Kolibri beibehalten haben, selbst mit 80, ja mit 125 Leuten gab es immer die Option eines Silent Rooms. In der WG war es wie immer. Wir haben weiter als

Team funktioniert, wir saßen zusammen, hatten Spaß, abends wurde Bier getrunken.

Aber unser Leben als Studenten war vorbei. Es gab keinen Urlaub, wir waren nicht wie andere Studenten in der Welt unterwegs, mit dem Lonely Planet in der Hand in Bangkok oder sonst wo. Wir hatten unsere kleine Firma, wir hatten unsere Spielidee – und wir ahnten oder wussten, dass wir die Grundlage für etwas Größeres geschaffen hatten. Um das Leben zu finanzieren, mussten wir nebenher arbeiten.

Neuer *Entwickler,* neuer *Ärger*

Erste Geldeinnahmen kamen allmählich über das Spiel. Die Downloads nahmen zu. Und wir brauchten, wie gesagt, neue Leute. Das führte dazu, dass jetzt im WG-Zimmer von Daniel Bewerbungsgespräche geführt wurden. Auch davon hatten wir wenig Ahnung. Was fragt man einen Bewerber? Wie übergeht man geschickt die Situation, dass man gerade in einem Schlafzimmer sitzt? Und was muss eine Bewerberin, ein Bewerber eigentlich können?

Einmal gab es die Situation, da saß Daniel einem sehr erfahrenen Entwickler gegenüber. In Karlsruhe hatte eine Gaming-Firma ihre Mobile-Sparte geschlossen, und so waren plötzlich Entwickler auf dem Markt. Viele von ihnen hatten mehr als zehn Jahre Berufserfahrung, und allein das war seltsam, wie der auf dem Gebiet der Spieleentwicklung noch etwas unerfahrene Daniel einen erfahrenen Entwickler nach dessen Qualifikationen fragte. Der

Kandidat jedenfalls wusste Bescheid über Programmier-architektur, es schien, als könne er uns aus dem Stand helfen. Ein Profi, der wusste, was zu tun ist. Und doch soll-te es nicht klappen. Wir probierten es zwar mit ihm, aber letztlich fühlte er sich uns vom ersten Tag an überlegen, schaute ein wenig auf uns herab. Es war kein gutes Macht-verhältnis. Er übernahm die Paparolle, was wiederum das Team aus der Balance brachte. Am Ende hat er von sich aus gekündigt, wir waren nicht unfroh darüber. Denn in unserem Selbstverständnis waren ja alle irgendwie gleich. Hierarchien gab es höchstens ganz dezent gegenüber den Praktikanten. Und was wir auch nicht brauchten, war je-mand, der uns sagt, wie es geht. Das wollten wir lieber selbst erfahren.

Das dritte Level ist das Selbstbewusstheitslevel. Mas-terstudium abbrechen, erste eigene Stärken entdecken, Selbstbewusstsein tanken. Halt sucht neue Erfahrungen. Was bringt uns weiter? Was können wir noch lernen?

Level 4 in Sicht. Wir müssen unbedingt mit Dominiks Mutter sprechen.

NEUE ERFAHRUNGEN SUCHEN AUSLÖSER

oder
das Baumkuchen-
Level

nsere Geschichte ist auch die Geschichte von Dominik. Im Sommer 2016 rief Dominiks Mutter auf dem Handy von Janosch an. Ja, ihr Sohn sei interessiert an dem Praktikum. Wir hatten auf einer Onlinebörse Praktika ausgeschrieben und dachten eher an Studierende als an Schüler. »Er ist in der elften Klasse«, sagte Dominiks Mutter, aber er sei sehr gut in der Schule, Notenschnitt bei 1,3. »Eigentlich nehmen wir ungern Schüler«, sagte Janosch. »Jetzt lernen Sie ihn doch einfach mal kennen«, sagte Dominiks Mutter. »Wir kommen bei Ihnen in der Firma vorbei.« Und so trafen wir uns ein paar Tage später zum Bewerbungsgespräch in Daniels Schlafzimmer. Dass »die Firma« eine WG und der Meetingraum ein Schlafzimmer war, irritierte Dominiks Mutter nicht wirklich, Dominik selbst war sofort Feuer und Flamme. Er war gerade 16 Jahre alt, hatte eine große Leidenschaft für Spiele und konnte bei uns machen, was ihn von da an begeisterte: Spiele entwickeln.

Manchmal mussten wir mit seiner Mutter telefonieren, sie wollte wissen, ob der Bub sich benimmt. Diese Frage stellte sich eigentlich nie. Von sechs Wochen Sommerferien hatte Dominik fünf Wochen bei uns verbracht, er war mittendrin in der Entwicklung und Weiterentwicklung des Spiels, hatte sozusagen am offenen Herzen des Spiels operiert. Wenn wir feierten, mussten wir eigentlich nur darauf achten, dass Dominik keine Tequila-Shots trank. Und wenn er im Büro übernachtete, weil es spät geworden war, dann nur mit Einverständnis seiner Mutter. Irgendwann gehörte Dominik zum Inventar, er war immer dabei, war aktiv in »Idle Miner Tycoon« involviert, erwies sich als absolut zuverlässig und diszipliniert, machte nebenbei noch die Schule fertig. Er hatte keinen genauen Plan, was er nach der Schule machen sollte, vielleicht war ihm die Schule auch zu praxisfern. Aber er hatte diese fundamentale Begeisterung, ein Spiel zu entwickeln, er hat mit vollem Elan und großer Disziplin mitgearbeitet. Und er blieb. Beziehungsweise: Er nahm noch einen kleinen Umweg.

Nach dem Sommerpraktikum machte Dominik im folgenden Jahr sein Abitur, fing danach an, am KIT Informatik zu studieren. In dieser Zeit arbeitete er parallel als Werkstudent bei uns. Bald erschien ihm das Studium zu praxisfern – und er bat uns später, als wir nach Berlin zogen, ob er nicht mitkönne. Keine Frage, er war einer von uns!

Er ist uns treu geblieben, auch als aus der flauschigen Fee die Firma Kolibri wurde, richtig groß. Dominik arbeitet übrigens heute als Spieletester in Berlin. Das ist auch so ein Nebenbei-Erfolg, den man erst später wahrnimmt: Wir sind ja keine Berufsberatung, keine »Ausbilder«, wir waren gerade in der Anfangszeit selbst immer am Suchen. Aber wir hatten einem jungen Menschen einen Weg in das Berufsleben gezeigt. Okay, es mag bei uns etwas unsortiert zugegangen sein, und gerade unsere WG entsprach nun wirklich nicht einem klassischen Arbeitsplatz. Aber es ist eben dieses vermeintliche Chaos, in dem sich etwas findet, in dem sich etwas zurechtruckelt, in dem jeder sein Bestes gibt, getragen von der tiefen Überzeugung, dass das nur ein Übergangsstadium ist. Was es auch war.

Dominik erlebte jedenfalls, wie aus einer Idee ein gefragtes Produkt wurde. Und das ist eine ganz besondere Lehre.

»Gestern waren es *100 Downloads*.«

Es begann mit der Veröffentlichung von »Idle Miner Tycoon« – für uns in der Kurzform: IMT. Wir stellten im Herbst 2016 unser Game auf die App-Stores von Google und Apple. Die »Veröffentlichung einer Applikation« auf den weltweit maßgeblichen Plattformen ist der entscheidende Schritt. Ein Schritt, von dem im Prinzip keiner genau sagen kann, wohin er führt. Zum Zeitpunkt der Veröffentlichung ist nicht klar, wie das Spiel wahrgenommen wird, wer daran überhaupt Interesse hat – und auf welchem Weg es zu potenziellen Gamerinnen und Gamern kommen soll.

Doch es kam. Es wurde gespielt. Und mit der Erkenntnis, dass da draußen »unser Spiel« gespielt wird, entstand dieses umwerfende Gefühl: Es passiert etwas. Wir waren elektrisiert. Da draußen gibt es Menschen, die unser Spiel spielen. Als Olli irgendwann sagte: »Wir hatten gestern 100 Downloads«, das war der Hammer. Klar, in der Welt des Skalierens und der Millionendownloads mag das bescheiden klingen, 100 Downloads – da winkt ein Frank Thelen nur müde ab. Aber für uns war es berauschend. Großartig auch, wenn wir live verfolgt hatten, wie viele in einem bestimmten Augenblick »Idle Miner Tycoon« spielten. »Gerade spielen 30 Leute!« Was für ein Erfolg! 30 sind mehr als keiner. 30 – das ist eine ganze Schulklasse!

Und so ging es weiter. Das Pflänzchen gedieh. Zaghaft, ganz langsam. Es hätte jederzeit zertreten werden können. Das geht im Gaming-Business rasend schnell. So schnell Spieler kommen, so schnell können sie auch wieder gehen. Spätestens, wenn sie sich langweilen. Doch bei uns in der Mine war immer mehr los.

Manchmal haben wir den Zahlen nicht geglaubt, wenn sie in die Höhe schossen. Auf jeden Fall hat das tägliche Überprüfen, ach was, das stündliche Überprüfen die Stimmung gehoben. Dieses Gefühl: Ja, es geschieht wirklich! Mega! Wir waren zu zehnt in unserer WG, die fünf Gründer und unsere fünf Praktikanten, und der ganze Schweiß, die Kohlsuppen, das Improvisieren, der Stress – alles nicht vergebens. In dieser virtuellen Welt gab es Kunden! Unsere Kunden! Spielerinnen und Spieler, die wir mit unserem Angebot überzeugt hatten, die ihre Zeit mit unserem Spiel verbrachten.

Wir hatten uns *nicht* verrannt

Sicher, später waren es 100 Millionen, 150 Millionen Downloads, ein gewaltiger Erfolg. Doch wirklich überwältigend ist, wenn du etwas völlig Neues in die Welt schickst und täglich beobachten kannst, wie es Stück für Stück die Leute begeistert. Vor allem weißt du dann: Es hat sich ausgezahlt, das Dranbleiben. Mithin die größte Herausforderung, wenn du ein Unternehmen startest. Du gräbst dich in etwas hinein, verbeißt dich in eine Idee, in die Vision, bald erfolgreich zu sein. Und dann stellt sich dieser Erfolg nicht ein. Was machst du jetzt: Bleibst du dran? Oder stellst du dir ehrlich die Frage, ob du dich verrannt haben könntest? Das ist ein schmaler Grat. Wenn du zu früh aufgibst, kann es ein Fehler sein. Aber ist man in der Lage, sich einzugestehen, dass man sich verrannt hat, oder zieht man es weiter durch, auch wenn sich keine positive Entwicklung einstellt? Als wir die ersten Downloads von »Idle Miner Tycoon« registriert hatten, haben wir gemerkt: Wir schaffen das. Wir können wirklich Kunden bekommen.

Wir sollten, nein, wir müssen weitermachen. Vieles müssen wir technologisch besser machen, wir können mehr einbauen, alles ist machbar, denn: Wir haben Kunden. Wir haben uns nicht verrannt.

»Wenn es *Probleme* gibt, *sprechen* wir drüber.«

Mit dem Erfolg kommt die Verantwortung. Und mit der Verantwortung die Pflicht. Die Pflicht gegenüber den Mitarbeitenden. Auch wenn wir zu Beginn die Konzentration meist auf Technik und auf die Verfeinerung der Technik gelegt hatten. Wenn du Erfolg haben willst, musst du die Menschen überzeugen. Mit jedem Schritt zum Erfolg entwickelt sich parallel eine gewaltige Verantwortung: gegenüber den Mitarbeitenden. Anfangs noch unscheinbar, wir sind ja alle Freunde, wir verstehen uns prima, wir kennen uns, es läuft doch gut. »Und klar, wenn es Probleme gibt, sprechen wir darüber!«

Das ist ein Wunschtraum. Klar, in den Frühphasen einer Gründung klappt es meistens. Man hat ein gemeinsames Ziel, man will den Erfolg und stellt die eigenen Befindlichkeiten etwas zurück. Keiner will etwas gefährden. Im Grunde ist es wie bei einem Spiel: Du tastest dich vorsichtig vorwärts, machst dich mit der Umgebung vertraut, lernst die Spielregeln, und das gemeinsam im Team. Doch ein Team funktioniert nicht von allein, nie.

Und falsche Entscheidungen können verheerend sein.

Beim Coden kannst du auch verheerende Fehler machen. Und wir haben verheerende Fehler gemacht. Die Technologie musst du verstehen. Meist sind technische Fehler reparabel. Fehler im Team dagegen können tiefer wirken, die repariert man nicht so leicht. Konflikte mit Mitarbeitenden verursachen Stress. Rückblickend betraf ein großer Sorgenpunkt immer Themen rund um die Mitarbeitenden. Themen, die an die Substanz gehen. Da liegst du nachts im Bett und weißt keine Lösung, wie du damit umgehen sollst – wenn jemand unzufrieden ist, wenn jemand Geld braucht, wenn du Gehälter bezahlen musst. Das sind enorme Stressfaktoren. In der Anfangszeit hatten wir wenig Ahnung, wie uns das noch fordern würde, aber klar war, dass wir im Umgang mit Mitarbeitenden wirklich »keinen Quatsch« machen durften.

Vielleicht haben wir uns deshalb schon früh straffe, aber geregelte Arbeitszeiten verordnet. Damit es einen festen Rahmen gibt, damit wir auf jeden Fall ein verlässliches Element in unserem Arbeitsmodus haben. Für uns war es wichtig, dass unsere Mitarbeitenden nachhaltig gute Leistung erbringen, dass die Arbeit kein Sprint, sondern ein Marathon ist. Die Regelung haben wir über Jahre hinweg sehr konsequent beibehalten: Arbeitszeit ist von neun bis 18 Uhr. Erst später in Berlin hatten wir begonnen, unseren Mitarbeitenden auch flexiblere Arbeitszeiten zu ermöglichen. Doch zu Beginn waren wir sehr streng. Auch schon in WG-Zeiten. Es galt: Die Arbeitszeiten waren fix. Davor und danach konnten die Leute abschalten, ihrem Privatleben nachgehen, und es kamen auch keine E-Mails mehr. Nicht zuletzt ist es wesentlich einfacher, Meetings zu koordinieren oder sich abzustimmen, wenn alle zur gleichen Zeit anwesend sind. Wer dann noch zu spät kam, dem schickte einer von uns eine Nachricht, meist per Telegram: »Hey, das war nicht so cool, kann mal passieren, aber bitte komm morgen wieder pünktlich, das hier funktioniert nur, wenn sich alle daran halten.«

»In meiner *Straße* ist eine *Baustelle.*«

Wir waren meist unter Strom, wollten mehr, schneller und waren schon beim nächsten Schritt, als die anderen sich mit dem gegenwärtigen Zustand arrangiert hatten. Die Arbeitszeiten waren kein Problem, daran haben sich alle gehalten, meistens. Einmal hatten wir einen spanischen Praktikanten, der sich meldete, er können nicht pünktlich kommen, in seiner Straße sei »eine Baustelle, deshalb komme ich nicht an meinen Laptop«. Wo genau er seinen Laptop lagerte, hat sich uns nie erschlossen. Aber er tauchte am anderen Tag wieder auf, mit Laptop. Das waren die harmlosen Sachen. Man darf nicht vergessen, wir saßen in einer WG, haben den Leuten ständig erzählt, dass sie Teil einer großen Sache werden können. Zu streng konnten wir nicht sein, zu viele Regeln wären nicht angebracht gewesen. Irgendwie wollten wir die Leute auch halten. Einige Zeit später, als das erste Geld kam, als sich der Erfolg abzeichnete, wurden die Herausforderungen jedoch noch größer.

»Sorry Leute, das ist *nichts für mich*.«

In unserer WG hatten wir günstige Ikea-Tische. Im Wohnzimmer standen sie dicht an dicht aufgereiht. Die Stühle waren individuell. Jeder saß auf einem anderen Stuhl, es gab Klappstühle, einen Gartenstuhl, einen seltsamen Sessel mit Sperrmüllverdacht, auf jeden Fall nichts Ergonomisches. Unser Employer Branding versprach wenig »Health«, dafür vor allem Rückenschmerzen. Work-Life-Balance bedeutete vor allem, nicht vom wackeligen Stuhl zu fallen. Aber wir hatten feste Arbeitszeiten, Betonung auf: fest. Außerdem herrschte absolute Stille im Raum, es durfte nicht geredet werden. Und: Es durfte nicht gelacht werden. Wir waren nicht da, um Witze zu machen. Wir wollten eine erfolgreiche Firma werden. Das kam nicht immer gut an. Einmal hatten wir einen neuen Mitarbeiter, einen echt guten Entwickler, der es etwas lockerer haben wollte. Er fing motiviert an, aber nach einem halben Tag bei uns sagte er leicht genervt: »Sorry Leute, das ist nichts für mich, so kann ich nicht arbeiten, wenn es die ganze Zeit so leise und so ernst ist.« Er ging noch vor der Mittagspause.

Die Mittagspause war ein Fixpunkt. Von 12.30 bis 13.30 Uhr. Jeden Tag. Um die Ecke gab es einen Dönerladen, dort kostete der Döner zwar damals schon fünf Euro. Was ins Geld ging. Aber wir waren Stammkunden und hatten dort eine »Stempelkarte«, eine »Stempelkarte beim Dönermann«! Das machte es etwas günstiger. Wir haben auch gekocht, wie gesagt, oft und ausgiebig Kohlsuppe. Manche haben in der WG-Küche mit Fertiggerichten experimentiert. Wir hatten einen Kollegen, der es geschafft hat, jedes Mal, wirklich jedes Mal seine Tüte mit Fertigreis, statt diese geschlossen zu kochen, aufzureißen und den Reis anbrennen zu lassen. Jedes Mal. Wir hatten ihm immer gesagt: Schneide die Tüte nicht auf, koche die Tüte, das ist nicht zum Braten! Und am nächsten Tag hatte er sie wieder aufgeschnitten. Und wieder brannte das Essen im Topf fest. Ein Wunder, dass wir ein Spiel hinbekommen haben. Aber der eingebrannte Reis ist ebenso ein Geruch, der uns bis heute verfolgt. Manchmal hatten wir den Kollegen auch einen Baumkuchen von Netto spendiert, für 2,59 Euro. Incentives sind Ausdruck von Wertschätzung und erhöhen die Motivation der Mitarbeitenden. Auch wenn es »nur« ein Baumkuchen ist.

Zufrieden, **wenn die Arbeit** *gut läuft*

In diesem »Urzustand« einer Firma zeichnen sich unterschiedliche Interessen ab. Die Herausforderung einer Unternehmensgründung besteht darin, unterschiedliche Persönlichkeiten unter einen Hut zu bekommen. Nicht alle verfolgen dasselbe Ziel. Die einen wollen vor allem Entwickler sein, andere möchten abends pünktlich nach Hause gehen. Sie sind zufrieden, wenn die Arbeit gut läuft. Überstunden hatten wir nie eingefordert, auch später nicht, als wir 70 Leute waren, ebenso, als wir über 100 Mitarbeitende beschäftigten.

Wir hatten außerdem wenig Ahnung, wie man sicher sein kann, dass ein Mitarbeitender nicht zum Team passt, wie du vorgehst, ihm zu kündigen. Wir waren in unseren Zwanzigern, wir hatten ein Spiel erfunden, aber wir hatten keine Ahnung, wie man einen Kollegen feuert.

Die erste Kündigung war eine große Sache. Wir mussten feststellen, dass ein Mitarbeiter gegen uns gearbeitet hatte. Aus dem Umfeld sagte man uns: Schmeißt ihn raus. Das hört sich einfach an. Einfach rausschmeißen. Wir haben uns schließlich für die harte Tour entschieden. Wir standen neben seinem Tisch, haben seine Zugänge gesperrt. Wir wussten, dass wir einen Zeugen brauchen, also haben wir einen Praktikanten daneben gestellt. Das war wie im Film. Der Ex-Mitarbeiter packte seine Sachen in eine Kiste. Wir schauten, dass er keinen Quatsch macht. Alles lief sehr angespannt ab. Vermutlich waren wir ziemlich überfordert, auf diese ganz harte Tour hatten wir später niemanden mehr hinausbegleitet. Wir hatten, nicht zuletzt durch diese Erfahrung, gelernt, empathischer zu sein, Abschlussgespräche zu führen. Aber es gab auch in allen Jahren keinen Rechtsstreit mit ehemaligen Mitarbeitenden, kein Arbeitsgericht. Auch etwas, worauf wir rückblickend sehr stolz sind. Offenbar hatten wir eine angenehme Unternehmenskultur – in einem Unternehmen, das nun langsam begann, sich nach außen zu öffnen.

Das vierte Level ist das Türöffner-Level. In der Start-up-Wildnis gibt es erste Situationen, auf die man nicht vorbereitet ist. Sprung ins kalte Wasser, erste eigene Schwächen entdecken, neue Fähigkeiten ausprobieren. Neue Erfahrungen suchen Auslöser. Wir tun alles, was wir vorher nicht gekonnt haben.

Level 5 in Sicht. Wir sitzen im engen Audi A4 auf der Fahrt nach Köln, noch können wir nicht ahnen, dass da niemand auf uns wartet– dass die Gamescom nicht auf uns vorbereitet ist.

FAST-ABSTURZ

oder
das Alter-Audi-Level

on Karlsruhe nach Köln dauert es circa drei Stunden, man nimmt erst die A5, danach die A3. Es ist schon ein Stück des Weges, man fährt nicht eben mal nach Köln. Außer als Gamer, außer, wenn im August die Gamescom stattfindet. Die Gamescom ist das Woodstock, das Mekka, das Wacken der Gaming-Branche. Da trifft sich die Spielwelt, es ist die weltweit größte Messe für Computer- und Videospiele in Deutschland – und ein Auftrieb an bizarren Kostümen, da treffen sich mannshohe Mario Karts, Boba Fetts, andere Cosplay-Fetische, Captain Americas und eine Menge grundsolider Anzugträger, die in Köln gute Geschäfte machen.

Fast 400 000 Besucherinnen und Besucher haben sich in den Vor-Corona-Zeiten durch die Messehallen in Köln gedrängelt. Mehr als tausend Aussteller aus 50 Ländern zeigten Games, Konsolen, Hardware, Software, E-Sports, Virtual Reality. Und die Gaming-Szene feiert sich dort selbst. Selbst die damalige Bundeskanzlerin Angela Merkel kam 2017 nach Köln, um die Messe zu eröffnen. Was bemerkenswert war, zumal die meisten Bundespolitiker damals einhellig vor gewaltverherrlichenden Spielen im Internet warnten (Stichwort: »Ballerspiele«) sowie vor deren »schädlicher Wirkung auf die Entwicklung junger Menschen«.

Merkel stand dann gewohnt mit Raute zwischen Cosplay-Figuren, schaute ein bisschen bei »Gran Turismo« zu, nahm beim »Landwirtschaftssimulator« sogar selbst den Controller in die Hand und sagte in ihrer Eröffnungsrede: »Computerspiele sind als Wirtschaftsmotor und Innovationstreiber von allergrößter Bedeutung.« Gut, es war Bundestagswahlkampf, sie musste so etwas sagen. Doch offenbar schien die Politik das Bild von den »Ballerspielen« revidieren zu wollen.

Stolz auf die weltweit beachtete Messe war immer auch Kölns Oberbürgermeisterin Henriette Reker (parteilos). Einmal sagte sie zur Begrüßung, dass in Zeiten des Wandels »kaum jemand besser auf Veränderung vorbereitet« sei als die Gamer. »In einem Spiel ändern sich ständig die Situationen. Jedes Spiel lebt von Veränderung, von permanentem Wechsel«, betonte sie. Und ein guter Spieler erkenne, »fast schon intuitiv, ob und wann sich eine Situation ändert«. Gamer, so Reker, seien »darauf eingestellt, dass nichts bleibt, wie es ist«.

Käsereste aus dem Pizzakarton

Ja, die Gamescom war (und wird es vermutlich wieder sein) eine maximale Selbstvergewisserung der Branche. Aber eben auch der Beweis, dass Gamer nicht nur in abgedunkelten Räumen vor sich hinzocken, sich von Käseresten aus alten Pizzakartons ernähren und mental maximal runtergefahren vereinsamen. Im Gegenteil. Der Gamer ist perfekt im Umgang mit unerwarteten, sich ständig wandelnden Situationen. Und im Spiel zeigt sich, wie Menschen gestrickt sind, wie teamfähig, ehrgeizig, wie korrekt, kreativ sie sind und wie leidenschaftlich sie einer Sache nachgehen. In einem Spiel, ganz gleich ob analog oder digital, offenbaren sich noch ungenutzte Fähigkeiten des

Menschen. Und um auch so viel Erbauliches zum Thema Spiel und Gaming zu hören, reisten wir nach Köln.

Natürlich stilecht.

Wir saßen zu fünft in einem engen, ziemlich alten Audi A4. Hinten zu dritt musste sich Daniel, der in der Mitte saß, während der Drei-Stunden-Fahrt immer vorlehnen. Es war schlichtweg zu wenig Platz auf der Rückbank. Außerdem war es einer jener heißen Augusttage. Richtung 37 Grad. Und ja, wir glaubten unserem Mitgründer und Besitzer des Wagens, dass die Klimaanlage in seinem Auto funktionierte. Was sie nicht tat. Und so erwies sich der Schweiß auch bei der Fahrt nach Köln als treuer Begleiter.

Kontostand *erhöhte sich* - vermeintlich

Begleitet hatten uns bei dieser Fahrt auch vermeintliche Erfolgsmeldungen. Unser Spiel schien offenbar komplett durch die Decke zu gehen. Was waren wir euphorisch! Wir erstickten fast in dem Wagen, wegen Hitze und Enge, aber die Meldungen auf unserem Smartphone überschlugen sich. Kurz zuvor hatten wir im »Idle Miner Tycoon« eine neue Geldquelle installiert. Die Spieler konnten sich sogenannte Boosts kaufen. Diese sorgen eine Zeit lang dafür, dass die Minenarbeiter schneller arbeiten, bessere Ergebnisse erzielen und sich der Spielstand deutlich verbessert. Boosts waren für uns, neben der Werbung, die besten Einnahmequellen. Und was sich zum Zeitpunkt, als wir eingequetscht im Auto saßen, bei uns abspielte, war der helle Wahnsinn. Wir konnten es nicht glauben.

Eine Erfolgsmeldung nach der anderen rauschte auf das Display. Offenbar hatten sich außergewöhnlich viele Spieler für die Boosts entschieden, unzählige Spieler kauften sich zusätzliche Spielzeit. Unser Kontostand erhöhte sich fast minütlich – also zumindest glaubten wir das. Erst waren es 1000 Euro, dann 2000, 4000, 5000, schließlich 10 000 Euro, 20 000 Euro. Tendenz: extrem steigend. Es war der Hammer. Wir konnten dabei zusehen, wie wir vermeintlich reicher und reicher wurden. Was für ein schöner Anblick!

Das Problem: Was da heiß lief, war höchstens die Innentemperatur im Auto, aber eben nicht unser Geschäft. Wir hatten bei der Implementierung der neuen Boosts einen »Cheat-Schutz« vergessen. Unser Minenspiel war schutzlos, man konnte hacken und betrügen, wie man wollte. Die Hacker konnten sich ordentlich Boosts kaufen – ohne zu bezahlen. Zwar zeigte es uns Rekordzahlen an, doch auf unserem Konto kam kein einziger Cent an. Als wir dann einige Zeit später die tatsächliche Zahl der Boost-Käufe ermittelten, war das recht ernüchternd. Das einzig Gute: Wir realisierten erst auf der Rückfahrt von Köln, dass wir nicht so reich waren wie gedacht.

Zuvor hatten wir den Tag über auf der Messe verbracht. Auch das hatten wir uns ziemlich anders vorgestellt. Zumindest, dass wenigstens einer mit uns spricht. Immerhin waren wir ein aufstrebendes Gaming-Unternehmen. Jedoch kannten wir keinen, uns kannte keiner, und wie es schien, wollte uns auch keiner kennenlernen – obwohl wir dabei waren, einen enormen Umsatzsprung hinzulegen.

Zumindest dachten wir das. Also wanderten wir durch die riesigen Hallen auf dem Messegelände in Köln, kamen uns etwas verloren vor, guckten ein bisschen da und dort, testeten ein paar Spiele und hofften, dass irgendwas passiert.

Die *abgeschottete* Business-Area

Natürlich hatten wir uns für die Business-Area registriert. Wir hatten ein Spiel am Start, wir hatten eine Firmenzentrale aka WG. Wir hatten einen eingängigen Namen, einen anständigen Handelsregisterauszug und wir gingen davon aus, dass recht viele auf der Gamescom mit uns sprechen wollten – zumal sich der große Erfolg bereits abzuzeichnen schien. Wusste ja keiner, dass wir im Boost-Fieber waren. Doch die Business-Area wirkte sehr abgeschottet, die Stellwände schienen hoch wie Mauern, fast angsteinflößend. Branchenriesen wie EA hatten eine komplette Halle, nicht nur im Consumer-Bereich, sondern auch im Businessbereich.

Und klar, wir dachten, die hätten große Lust, sich unsere Vision anzuhören. Also gingen wir an den Eingang, zeigten unsere Businesstickets und waren schon im Begriff, durchzugehen. Als der Türsteher bremste: »Habt ihr einen Termin?« Einen Termin? Hatten wir nicht. In den anderen Hallen war es ähnlich, statt eine Gruppe ambitionierte Spieleentwickler, die vier Wochen vorher ein zukunftsträchtiges Spiel release hatte, spontan zum Gespräch zu bitten, entschieden sich die Firmen für andere Gesprächspartner. Wir waren die kleinen Würstchen unter den kleinen Würstchen.

»Das wird alles *nicht funktionieren.*«

Und wenn doch jemand mit uns sprechen wollte, zog es uns noch weiter hinunter. So lernten wir einen Spieleentwickler aus dem Schwarzwald kennen, der unsere Zukunft sehr düster ausmalte. Er begutachtete unser Spiel, klickte ein paar Mal herum, sagte dann: »Das wird alles nicht funktionieren, damit werdet ihr nie Geld verdienen!« Ein bisschen waren wir gekränkt, schließlich hatten wir auf der Hinfahrt die ganzen Umsatz-Erfolgsmeldungen registriert. Doch er zuckte nur mit den Schultern. »Schaut, Jungs, es gibt Hunderte von Spielen, wie wollt' ihr denn mit diesem Spiel irgendwie herausstechen?« Nichts schien ihn zu überzeugen. Das reihte sich ein in unseren bunten Blumenstrauß an negativen Gamescom-Erfahrungen – und es sollte noch deutlich schlimmer kommen.

Die *betrübliche* Wahrheit

»Jungs, das ist Fake«, sagte Olli auf der Rückfahrt. Wir saßen wieder Schulter an Schulter im A4. Daniel, wie gehabt, Oberkörper nach vorne, Klimaanlage immer noch kaputt und Olli mit ganz schlechter Laune. »Das stimmt alles nicht!« Offenbar waren wir während des Kölnausflugs nicht steinreich geworden. »Wir müssen das morgen sofort fixen, das ist verheerend«, sagte Olli. Wir hatten einen richtig großen Fehler im System. Unser Spiel war ein offenes Scheunentor. Da konnten alle boostern, so viel sie wollten, während wir von der ersten Umsatzmillion träumten. Die betrübliche Wahrheit offenbarte sich in Karlsruhe: Es hatten sich 2 (in Worten: zwei) Gamer beim »Idle Miner Tycoon« Boosts gekauft und auch bezahlt. Da war offenbar noch Luft nach oben in Richtung Umsatzmillion. Und es war nicht der letzte Rückschlag.

Im Sommer 2016 zahlten wir uns kein Gehalt. Zwar entwickelte sich die Nutzung positiv. Im ersten Umsatzmonat erzielten wir circa 100 Euro am Tag. Aber die Zahl der User nahm zu. Das Spiel weckte Interesse. Im September waren wir bei 1000 Euro am Tag. Und wir arbeiteten intensiv an Updates. Wenn wir der Community etwas bieten wollten, mussten wir liefern. Gamer können recht launisch sein und schnell das Interesse verlieren. Also haben wir die Zahl der Minen erhöht, neue Features entwickelt. Haben vor allem das gemacht, was die Leute wollten.

»Nutzerzentriert« lautet das Motto. Wir verbrachten Stunden damit, mit aufgeklapptem Laptop auf den Knien Userreviews zu beantworten. Auf jeden Beitrag, jede Idee wurde eingegangen. Das hat wahnsinnig Zeit verschlungen, aber es war essenziell für den Erfolg von »Idle Miner Tycoon«. Was musste verbessert, was angepasst werden – niemand kann darüber so genau Auskunft geben wie die User. Und diese erwarten im Gegenzug entsprechende Updates, und zwar regelmäßig. Mitten in diesem Update-Schwung passierte es dann.

»Vielleicht *war es das* jetzt.«

Mit das Wichtigste bei einem Spiel ist naturgemäß der Spielstand. Der Spielstand, auch Savegame genannt, ist alles in unserem Spiel – und auf unser Spiel bezogen: Wie viele Minen habe ich? Wie viele Minenarbeiter auf wie vielen Kontinenten? Welches Level haben die dort? Wie viel Super Cash habe ich? Wie viele Diamanten? Savegames baut man sich auf, sie müssen gespeichert werden. Kaum einer wird ein Spiel spielen wollen, bei dem der Spielstand nicht gespeichert ist. Als Anbieter hast du ein dickes Problem, wenn das nicht funktioniert. Und wir wissen, wovon wir reden.

Es kam, wie es kommen musste. Wir luden ein Update hoch, wie gehabt, doch dabei hatten wir etwas übersehen, einen minimalen Knick im Code. Das verursachte in unserem Spiel einen heftigen Fehler, einen fast tödlichen Bug. Durch das technische Missgeschick verlor nämlich jeder dritte Spieler seinen Spielstand. Die Ergebnisse waren weg, der Spielstand nicht mehr nachvollziehbar – sozusagen hat es die Welt der Spieler kaputt gemacht. Viel schlimmer kann es nicht kommen. Man kann fast sagen, dass der Sinn eines Spiels dadurch verloren geht. Das kann man seiner Community nicht antun.

Spieler lassen so etwas normalerweise nicht auf sich sitzen. Innerhalb kürzester Zeit trudelten Unmengen an Nachrichten bei uns ein, zahlreiche Beschwerde-Mails, und vor allem bekamen wir im App-Store plötzlich nur noch 1-Sterne-Bewertungen. »Nee, das kann nicht sein, das kann doch nicht sein«, rief Daniel. Doch, es konnte. Jetzt galt es, keine Sekunde zu verlieren. Dieser Bug musste so schnell wie möglich gefixt werden. Doch schmerzlich wurde uns bewusst, dass wir das nicht schafften – weil wir schlichtweg nicht feststellen konnten, woran es lag. Wir würden sie alle verlieren, die Algorithmen wären gnadenlos, rasch würde das Spiel in den App-Stores an Beliebtheit einbüßen und aufgrund von negativen Bewertungen nach hinten rutschen. Das hätte das Ende einläuten können, ein Game-over sozusagen.

Jetzt war richtig Stress in der WG angesagt. »Vielleicht war es das jetzt«, sagte Janosch. Spiel, Firma, Mitarbeiter, alles weg, verloren wegen eines Minifehlers mit enormer Wirkung. Wären wir an dem Tag nicht erreichbar gewesen, es wäre vorbei gewesen. Schluss, aus, vorbei. Der Hausmeister hätte jubiliert. Uns hätte es im Mark erschüttert.

Aber wie sagte einst Karl Kapp, Vizedirektor des Instituts für interaktive Technologien (IIT) der Bloomsburg University: »Ein gut gestaltetes Spiel erlaubt es, in einer nicht linearen Art zu denken.« Und das entspricht auch unserer Vorstellung bei der Etablierung eines Unternehmens. Es läuft nicht linear, es gibt nicht nur die eine Art des Denkens, nicht nur eine Art des Vorankommens. Als Entrepreneur wird man ständig mit vielen Dingen aus unterschiedlichen Richtungen konfrontiert – und eine Sache passt nicht immer zur anderen, viele unerwartete Dinge geschehen. Sich dennoch zu behaupten, nicht aufzugeben, das entspricht dem Wesen eines guten Gamers – und eben auch dem Wesen eines guten Unternehmers.

An diesem Fehler wären wir fast verzweifelt. Am Ende war es dann nur ein Problem in der Game-Engine, die, unter bestimmten Umständen, das Savegame in einen anderen Ordner geschoben hatte. Beim nächsten Spielstart hat »Idle Miner Tycoon« im ursprünglichen Ordner nachgeschaut, das Programm kam zu dem Schluss: Es gibt kein Savegame, also erstellen wir ein neues. Die fatale Folge: Es wurde ein neues Savegame ohne Fortschritt erstellt und geladen. Am Ende hatten wir es geschafft, innerhalb von drei Stunden den Bug zu fixen und eine neue Version des Spiels zu releasen. Wären wir nicht so schnell gewesen, hätte es sein können, dass wir alles verlieren. Doch so konnten wir die Gamer besänftigen. Die Spielstände waren wieder da.

Aber das war einer dieser Momente, in denen plötzlich alles auf dem Spiel steht. Das ist vielleicht der Preis, den du für den schnellen Aufstieg zahlen musst – es kann jederzeit auch ganz rasant wieder abwärts gehen. Und immer anders kommen, als man glaubt.

Das fünfte Level ist das Fast-Absturz-Level. Es kommt der eine kleine Augenblick, mit dem niemand rechnet oder den keiner richtig einzuschätzen weiß. Alles steht plötzlich auf dem Spiel. Jetzt heißt es: Alle Kräfte bündeln, Fehler beseitigen, zurück zur Normalität. Auslöser sucht Zerstörung. Das Geschäftsmodell steht auf dem Spiel.

Level 6 in Sicht. Es geht schnell aufwärts – auch wenn viele nicht daran glauben. Vor allem nicht die Leute aus der IT-Szene. Sie wollen uns verlieren sehen.

‹6›

HEIMAT
WIRD ENG

oder
das Cyberspaß-
Level

ine Sache hat uns immer begleitet: Dass wir nicht wirklich ernst genommen wurden, dass man uns immer etwas mitleidig von oben herab betrachtet hat. Wenn du in Karlsruhe Informatik studierst, auf dem KIT, einer der besten (wenn nicht der besten) Informatik-Uni in Deutschland, dann machst du das nicht, um irgendwann ein Handyspiel zu bauen. Da geht es um KI, um Robotik, um Medizintechnologie. Wenn es eine Ausgründung aus der Hochschule gibt, ein Hightech-Start-up, dann geht es um neue Lösungen für die Herausforderungen der Menschheit.

Lebensziel ist es in diesen Kreisen nicht, ein Spiel mit einem breit grinsenden Minenarbeiter zu bauen. Da könnte man ja fast einen Minderwertigkeitskomplex bekommen!

Und doch gab es Rückhalt. Als wir uns zum Beispiel im Cyberforum in Karlsruhe um einen Platz beworben hatten, erlebten wir durchaus Wohlwollen. Das Cyberforum in Karlsruhe gilt mit mehr als 1200 Mitgliedern als das größte regional aktive Hightechunternehmernetzwerk in Europa. Es werden Gründerinnen und Gründer unterstützt, Forschungseinrichtungen und Start-ups aktiv zusammengebracht. Das Cyberforum ist eine Plattform für Innovation, ein Inkubator, aber gemeinnützig organisiert, als Verein, in dem sich zahlreiche Unternehmen aus der Branche engagieren. Und wir waren damals ein richtiges Start-up, hatten erste Erfolge vorzuweisen und bewarben uns um den Start-up-Support.

Im besten Fall hätten wir im Cyberforum auch ein paar Büroplätze bekommen, kostenlose und recht vielversprechende Büroplätze. Die Büros des Cyberforums waren nämlich in einer alten Brauerei untergebracht – und man hatte die Start-ups sogar mit kostenlosem Bier gelockt. Eine Verlockung, der wir gerne nachgegeben hätten.

Gegen den Rat der Mentoren

Wir hatten viel Energie in diesen Pitch gesteckt. Und sogar mit der charmanten Begründung gewonnen: »Wir glauben nicht dran, wir verstehen es auch nicht, aber ihr macht schon 1000 Euro am Tag, deswegen geben wir euch den Zuschlag und nehmen euch auf!« Das war immerhin etwas Zuspruch. Leider konnten wir ihn nicht annehmen. Unser Team war mittlerweile zu groß, sie konnten uns nur Platz für fünf Leute anbieten, wir waren aber mehr und wollten vor allem noch mehr werden. Dennoch ließen sie uns nicht aus den Augen. Wir bekamen zwar keine Büroplätze, wurden aber in das Inkubatorenprogramm aufgenommen. Teil dieses Programms ist ein Mentoring, es werden Mentoren zugewiesen, die einem auf die Sprünge helfen sollen. Bei uns hieß diese Person Gunnar Lott – der später noch sehr wichtig für unsere Firma werden sollte. Und Michael Kofluk, der Gründer von Sovendus, begann, uns in dieser Phase zu unterstützen.

Ein Rat der Mentoren war, schnell noch weitere Spiele zu bauen, statt uns nur auf den »Idle Miner Tycoon« zu konzentrieren. Das hörten wir uns an, setzten es aber nicht um. Weil wir weiterhin zutiefst überzeugt waren, dass unser Spiel mehr Potenzial hat, weit mehr – und genau das sollte sich ja später bewahrheiten. Wir schafften es also, dass sich die Karlsruher Inkubatoren für unsere Minenarbeiter begeisterten, aber so richtig zuordnen konnte uns die Szene in Karlsruhe nicht – vielleicht wollte sie es auch nicht.

»And the winner is ...« wieder einmal nicht Fluffy Fairy Games

Auch bei Preisverleihungen waren wir nicht erste Wahl, selbst bei Veranstaltungen wie dem Deutschen Computerspielpreis. Dort wurden in der Regel »künstlerisch schöne« Spiele ausgezeichnet. Aber eben nicht Minenspiele fürs Handy. Dabei hatten wir Erfolg, richtigen Erfolg, konkret und vorzeigbar. Während bei den Preisverleihungen oft Spiele gewannen, die maximal 200 Downloads vorweisen konnten und bei aller Schönheit offenbar keine Spieler gefunden hatten, spielten unser Spiel schon viele Tausend Menschen auf der ganzen Welt. Später, als wir schon zwei Millionen Downloads hatten, immer wieder das gleiche Bild: »And the winner is ...« wieder einmal nicht »Idle Miner Tycoon«. Mobile Games hatten es immer schwer bei diesen Preisverleihungen. Später sollten wir durchaus Preise gewinnen, auch Wirtschaftspreise, weil wir ein so schnell wachsendes Unternehmen waren. Aber damals noch nicht. Damals war die Situation wie folgt: kein Preis, kein Büro im Cyberforum, kaum Support. Aber ein erstaunlicher Kick-off unseres Spiels.

Jeder sollte die *Zahlen lesen*

Es war die Zeit, ab Oktober 2016, als wir durch Karlsruhe liefen und jedem, der wollte (oder nicht wollte), ein Dokument unter die Nase hielten, auf dem unsere Download- und Umsatzzahlen pro Tag standen. Es gab kaum jemanden in der badischen IT-Gründerszene, der nicht auf unseren Zettel gucken musste. Wir waren da sehr forsch. Und extrem stolz. Wir hatten unseren Erfolg, schwarz auf weiß, ganz klar, deutlich ablesbar. Die meisten, die auf den Zettel schauten, waren verständnisvoll bis begeistert: »Wow!« »Oh, krass!« Oder sie sagten: »Cool, wann kommt das nächste Spiel?« Andere waren genervt. Und wieder andere versuchten sich in aktiver Entmutigung: »Na ja, aber das kann beim Gaming ganz schnell wieder runtergehen.« Es gelang uns sogar, dass der Vorstandsvorsitzende von 1&1 auf unseren Zettel gucken musste. »Schick!«, sagte dieser. Fast ein Ritterschlag.

Der Erfolg machte uns Mut. Und er machte uns auch etwas übermütig. Weil das Cyberforum uns nicht so unterstützen wollte, wie wir uns das ausgemalt hatten, schrieben wir jedes einzelne Mitglied des Vereinsvorstands an. Wir erhofften uns mehr Unterstützung, wir wollten lernen, wir wollten Feedback. Das Problem war, als wir die Mails losschickten, war gerade Vorstandssitzung – und alle Vorstände erhielten gleichzeitig die gleiche Mail. Das machte uns zwar bekannt im Vorstand, aber nicht in dem Maße, wie wir uns das erhofften. Wie dem auch sei, in dieser Zeit hatten wir das intensive Networking begonnen, das wir bis heute betreiben. Unsere Devise: Triff dich mit vielen. Nimm Kontakt auf! Vernetze dich! Sprich über dich und dein Unternehmen! Selbst, wenn du noch nicht sooo viel zu erzählen hast.

Dabei war dies nicht unsere offene Flanke. Wir hatten Arbeitsplätze geschaffen. Wir hatten ein tolles Game! Der Umsatz lag inzwischen bei 5000 Euro – am Tag! Was uns maximal beflügelte. Parallel hatte, wie schon erwähnt, in Karlsruhe ein Gaming-Anbieter seinen Mobile-Geschäftsbereich geschlossen und Leute entlassen. Unsere Chance auf Topentwickler! Und wir konnten jetzt Leute in Vollzeit einstellen! Wir brauchten dringend neue Leute. Die Bewerbungsgespräche fanden stilecht in Daniels WG-Zimmer statt. Daniel und Janosch saßen an einem schmalen Tisch, auf der anderen Seite die Bewerberin oder der Bewerber, im Hintergrund Daniels Bett, der Schrank mit den Klamotten, alles in allem sehr, sagen wir, privat. Uns ging es um ein Business, um Mobile Gaming, das – gerade jetzt, da wir das Buch schreiben – im Jahr 2022 alle Rekorde bricht.

Den Konsolen den *Garaus* machen

Der renommierte IT-Journalist Michael Kroker hat jüngst über eine Studie berichtet, wonach 2021 jeder zweite US-Amerikaner regelmäßig an seinem Smartphone zockt. Nicht zuletzt wegen der Coronapandemie ist das globale Geschäft mit Computerspielen angestiegen, was neu ist, ist, dass eben das Handy immer mehr zum Spielmittelpunkt wird. 2015 hatte das Smartphone-Game Pokémon Go innerhalb von 19 Tagen mehr als 50 Millionen Nutzer weltweit – und begründete damit einen Mobile-Trend, dessen Ende noch lange nicht abzusehen ist. Von den befragten amerikanischen Usern gaben nur noch 34 Prozent an, regelmäßig an der Konsole zu spielen, 54 Prozent nutzen für das Gaming inzwischen nur noch das Handy. Und Kroker geht sogar davon aus, dass das Smartphone, nachdem es Digitalkameras, MP3-Player und Navis obsolet gemacht hat, nun auch der Playstation und der Xbox »den Garaus machen« könnte.

Das war damals, 2016, noch nicht abzusehen. Aber welche Wucht ein gutes Spiel entwickeln kann, das hatten wir nach dem globalen Release erfahren. Wir hatten recht schnell Spieler auf der ganzen Weltkarte. Für uns wurden vor allem die USA ein wichtiger Markt, 50 Prozent der Spieler kamen aus Amerika. Der asiatische Markt ist immer etwas schwierig, die Spiele dort haben eine eigene Ästhetik, der Design-Style ist ein anderer, hat oft diesen Anime-Charakter, vielfach sind die Spiele auch etwas härter, vor allem aber wesentlich komplexer. Aber rund 20 Prozent der Spieler verzeichneten wir im asiatischen Markt. Der Spielemarkt in den USA war für uns sehr wichtig. Es ist der größte Markt für Spiele aller Art, für alles rund um das Gaming. Vor allem sind die Spieler in den USA bereit, für ein Spiel Geld auszugeben. Ein entscheidendes Kriterium – wenn du als Karlsruher WG-Firma noch beim Marketing schwächelst.

Wir waren *nicht* egogetrieben

Marketing konnten wir noch nicht so gut, wir wollten es auch nicht so recht. Was wir konnten, war, den Spielern etwas zu bieten. Wir bemühten uns, regelmäßig kleine Verbesserungen in das Spiel einzubauen und neue Mechaniken, neue Ideen umzusetzen. Das ist nicht immer einfach. Mal hatten wir die Idee, dass die Spielerinnen und Spieler ihre Kohleminen verkaufen sollten, um sich stattdessen eine Goldmine zu kaufen. Klang einleuchtend, hatten aber die meisten nicht gemacht. Besonders wirkungsvoll war es jedoch immer, wenn die Ideen von den Spielern kamen. Die fanden es sehr cool, wenn ihre Sachen umgesetzt wurden. Und das kam an, dass wir nicht die egogetriebenen waren, von wegen, nur wir wüssten, was ein gutes Spiel ausmacht.

Anders ist das in den Gaming-Konzernen, in den Unternehmen mit zwei bis drei Milliarden US-Dollar Umsatz pro Jahr. Da entwickeln tausend Leute im Schichtbetrieb ein Spiel, einen 3-D-Shooter beispielsweise, und arbeiten fortlaufend an dessen Weiterentwicklung. Immer neue Features, immer neue Mechaniken werden geboten beziehungsweise müssen geboten werden. Es herrscht ein gewaltiger Konkurrenzdruck auf dem Spielemarkt, Spieler sind unberechenbar und müssen immer mit neuen Ideen gehalten werden. Es gibt Konzerne, die beispielsweise zwei Tochtergesellschaften gegeneinander antreten lassen, und welches Unternehmen schneller ein neues und erfolgreiches Spiel entwickelt, dessen Game wird genommen.

Auch wenn es in Deutschland immer etwas untergeht – Gaming ist ein ständig wachsender Milliardenmarkt. Der Technologiekonzern Microsoft hat beispielsweise Anfang 2022 den Publisher Activision Blizzard, der unter anderem »Call of Duty«, »World of Warcraft« und vor allem »Candy Crush« entwickelt hat, für sage und schreibe 68,7 Milliarden Dollar gekauft – und die meisten Experten gehen davon aus, dass Microsoft die Gaming-Welt komplett umkrempeln wird.

Als ganz kleine Entwicklerfirma hast du es naturgemäß schwer, in dieser Welt zu bestehen. Aber auch unser Spiel, was ja ein einfaches Spiel war, wurde allmählich komplexer und aufwendiger. Unser Vorteil: Wir waren agiler. Darauf haben wir gesetzt. Vor allem wollten wir nicht verkaufen. Das mag ein Geschäftsmodell sein, schnell ein Spiel zu entwickeln und dann schnell zu verkaufen. Das waren unsere Pläne nicht. Wir wollten in diesem Milliardenmarkt bestehen, wollten relevant werden, größer werden, den Umsatz steigern. Sicher, gegen das, was einem in diesem brutalen Spielemarkt drohen kann, ist der Streit mit dem Hausmeister ein nettes Nebengeräusch.

Rechtsstreit in Indien?

Zum Beispiel, wenn irgendwo auf der Welt jemand erkennt, welches Potenzial dein Spiel hat. Das kann rasend schnell kopiert werden. Und wird die Raubkopie auf die Plattformen gestellt, kann man bei Google oder Apple intervenieren, in der Regel nehmen sie es wieder herunter. Nur wenn nicht, ist es schwierig, rechtlich dagegen vorzugehen. Meist wird das Spiel ja nicht 1:1 kopiert, sondern nur ein Großteil der Elemente. Dann musst du nachweisen, dass du das originär entwickelt hast. Und vor allem wird es sehr schwierig, einen Rechtsstreit zu führen, wenn die Kopierfirma beispielsweise in Indien ansässig ist. Zum Glück hielten sich diese Auseinandersetzungen im Rahmen.

Wir setzten weiter auf die klassische Wertschöpfung. Auf unsere Ideen, auf unsere Kreativität und darauf, dass wir sozusagen in der Peripherie, als kleine, dynamische Gaming-Bude, den Großen etwas entgegenstellen wollten. Angst vor den Hyänen hatten wir keine – und doch gab es nun ein Problem: Unsere WG im Dachgeschoss würde nicht mehr länger als Firmensitz taugen. Denn, wenn wir mitmischen wollten, brauchten wir ein neues Büro, brauchten wir mehr Platz, mussten wir noch professioneller werden.

Das sechste Level ist das erste große Professionalisierungs-Level. Stakeholder werden sichtbar: Kunden geben Feedback, Mitbewerber kopieren uns, Blockbuster nehmen uns wahr, Heimat wird eng. Alles drängt plötzlich nach außen, in die Ferne. Aufbruchstimmung. Erste Wunden sind verheilt. Ein anderes Spiel beginnt.

Level 7 in Sicht. Wir werden eine richtige Firma.

LUFT HOLEN

oder
das Sparkassen-
Level

*W*ie wir uns Anfang 2017 fühlten? Einfache Antwort: Wir waren sehr selbstbewusst. Wir glaubten wirklich, wir sind die Krassesten. Mit diesem Allmachtsgefühl starteten wir in das neue Jahr. So sahen wir uns selbst. Und das tat gut. Es war auch eine Form der Genugtuung. Für unser Selbstbewusstsein gab es vor allem zwei Gründe. Zum einen wollte uns tatsächlich ein Unternehmen, ein großer Gaming-Konzern, kaufen. Sie boten fünf Millionen für Fluffy Fairy Games und »Idle Miner Tycoon«. Das hätte bedeutet: Jeder von uns wird Millionär. Damals waren wir ja noch zu fünft. Fünf Millionen waren eine für uns damals unvorstellbar hohe Summe. Schließlich hatten wir noch vor Kurzem Baumkuchen für 2,59 Euro bei Netto geholt und den Reis anbrennen lassen.

Unsere Eltern hatten eine eindeutige Meinung. Sie hätten sich für die jeweilige Million entschieden. Ollis Vater sagte etwa: »Ihr müsst die Firma so schnell wie möglich verkaufen!« Er ging offenbar nicht davon aus, dass uns jemals einer mehr bieten würde. Und unsere Eltern wollten das Beste für uns – sie waren von Anfang an mit Begeisterung dabei, unsere größten Fans. Ollis Mutter hatte seit dem Release jeden Tag »Idle Miner Tycoon« gespielt. Auch andere Leute aus unserem Umfeld hoben den Daumen: Macht das! Verkauft! So eine Chance kommt nie wieder! Aber wir? The Kings of the Hill? Die WG-Helden vom Hauptfriedhof! Karlsruhes geheime Hoffnung für den globalen Gaming-Markt? Was sagten wir?

Nein. Wir wollten unter keinen Umständen verkaufen. Wir wähnten uns noch lange nicht am Ende unserer

Abenteuerreise. War es uns doch gelungen, eine Maschine aufzubauen, ein System zum Laufen zu bringen. Wir waren ein Team von Profis, wir hatten bewiesen, was in uns steckt, hatten geschickt unsere Ressourcen genutzt. Wir hatten in den Monaten zuvor sogar unseren Bachelor hinbekommen, mit sehr guten Noten, kurz vor dem Master. Unsere Eltern gingen zwar davon aus, wir würden das Studium abbrechen, weil wir den Master nicht mehr angingen, aber Bachelor ist Bachelor. Außerdem: 10 000 Euro Umsatz – am Tag! Wir hatten inzwischen Festangestellte. Die Minen wurden weltweit bespielt. Und vor allem: Wir verdienten echtes Geld. All das sprach gegen den Verkauf. Wie auch viel gegen unsere WG als Büro sprach.

Einbetonierter *Marmortisch*

Es war höchste Zeit, einen neuen Firmensitz zu beziehen. In Karlsruhe, in einer besseren Lage. Unser neuer Vermieter hatte einen kleinen Hund. Außerdem besaß er eine PR- und Internet-Agentur in Karlsruhe, in der Karlstraße, ziemlich zentral gelegen. Die Agentur hatte drei Stockwerke, wir belegten zunächst ein halbes Stockwerk, später ein ganzes. Das Haus war ein idealer Ort für uns, vor allem, wenn wir noch größer werden sollten, wovon wir ja insgeheim ausgingen. Und vor allem war er beim Mietvertrag kulant. Während andere, mit denen wir in Kontakt standen, gleich Zehn-Jahres-Mietverträge abschließen wollten, ließ er uns die Flexibilität. Und das ganze Gebäude war sehr schick, die Räume sehr gepflegt und modern. Es gab einen weißen Tresen, einen hellen Empfangsbereich und im Meetingraum war ein riesiger Marmortisch einbetoniert. Das Haus hatte irgendwie Start-up-Charme, strahlte aber auch seriöse Professionalität aus. Für uns ein großer Schritt, kamen wir doch aus der Enge einer WG für Nerds.

Neues Büro, das hieß vor allem: eine neue Ladung Ikea-Tische. Also 20 Pressspanplatten plus jeweils Beine zum Festschrauben. Und weil Weihnachten das Fest der Familie ist, luden wir selbige ein, um die Tische zu schrauben und das Büro zum Jahreswechsel arbeitsbereit zu machen. So kamen die Väter, Mütter, Geschwister und auch ein paar Freunde und ließen gemeinsam mit uns eine Ikea-Büro-Welt entstehen, den neuen Firmensitz von Fluffy Fairy Games. Hinzu kam, alle Kabel mussten verlegt, die Elektronik abgestimmt und das WLAN eingerichtet werden. Alles recht schnell, aber es gelang – und wir konnten Anfang 2017 in neuen Räumen neue Ziele anpeilen.

All lights green. Im neuen Büro ging es weiter steil nach oben. Die Leute spielten das Spiel, wir hatten inzwischen eine stabile Gamer-Community. Sie zahlten für zusätzliche Boosts. Und außerdem nahmen die Werbeeinnahmen zu. Wir bemühten uns, schnell und häufig Updates zu veröffentlichen. Je öfter sie veröffentlicht wurden, desto öfter waren die Spieler bereit, für Boosts zu bezahlen. Außerdem spielten sie dann länger, blieben länger im Spiel. Was sich wiederum auf die Werbeeinnahmen auswirkte. 50 bis 60 Prozent der Einnahmen kamen über Werbung. Zudem koppelten wir irgendwann Boosts und Werbung, sprich: Wer bereit war, 30 Sekunden Werbung zu schauen, bekam vier Stunden Boost. In der Regel entschieden sich 70 Prozent für Werbung. Unglaublich, oder? Was genau beworben wurde, darauf hatten wir keinen Einfluss, meist waren es andere Spiele.

Konto bei der *Sparkasse* – das wäre es!

Es lief alles richtig gut – so gut, dass wir uns sogar zutrauten, bei der Sparkasse ein neues Konto einzurichten. Wir hatten noch unser altes Geschäftskonto bei einer Internetbank, die allerdings, was den Dispo anging, extrem limitiert war. Das wiederum war ziemlich riskant, weil die Gehälter pünktlich gezahlt werden wollten, auch wenn bestimmte Erlöse, beispielsweise für Werbung, noch nicht bei uns eingegangen waren. Jedes Unternehmen braucht diesbezüglich Flexibilität, kein Thema, auch unsere Steuerberater rieten uns dringend, uns da Luft zu verschaffen.

Deshalb sind wir, wie sich das gehört, zur Sparkasse. Wohin sonst? Bei der Sparkasse in Karlsruhe gab es passgenau einen Start-up-Berater für genau diese Fälle. Und »im Prinzip« und in Werbespots unterstützt die Sparkasse Gründer sehr gerne. Uns wollten sie eigentlich auch. Aber zunächst wollten sie vor allem unsere biografischen Daten, sie wollten unsere Abiturnoten, die Noten unseres Bachelors, sie wollten, dass jeweils unsere Eltern haften und bürgen, sie wollten noch einen umfangreichen Business- und Finanzplan unseres Start-ups, ein mindestens 20-seitiges Dokument und eine Erklärung wie wir uns die Entwicklung unserer Firma vorstellen.

Zwei Welten prallten aufeinander. Das schien uns etwas aus der Zeit gefallen oder zumindest verspätet. Immerhin machten wir bereits rund 10 000 Euro am Tag Umsatz, unser Geschäftsmodell erwies sich als durchaus tragfähig und wir hatten festangestellte Mitarbeitende. Außerdem wollten wir überhaupt keinen hohen Kredit aufnehmen. Wir baten nur um etwas mehr Flexibilität auf dem Geschäftskonto, damit das Warten auf Einnahmen bei gleichzeitigen Ausgaben überbrückt werden konnte. Doch wir erfuhren, dass man sich zwar sehr um Start-ups und Gründer bemühte, zumindest in den Flyertexten, aber uns dann doch nicht so schnell helfen konnte. Wir waren deshalb entsprechend bockig im ersten Gespräch, weil die nicht gleich so wollten, wie wir wollten. Das führte dazu, dass unser Steuerberater, der uns begleitet hatte, hinterher mit uns schimpfte: »So spricht man nicht mit einer Bank!« Aus seiner Sicht hatten wir uns danebenbenommen, weil wir deren Zögerlichkeit nicht akzeptieren wollten. Nun ja.

Aber nach dem holprigen Start und dem Einlauf des Steuerberaters lief es dann doch noch sehr gut. Dem Berater bei der Sparkasse, Alin Semenescu, und uns gelang es, die beiden »Welten« zu verbinden. Sie verstanden, was wir brauchten – und wir verstanden, wie die traditionelle Sparkassen-Welt funktioniert. Vielleicht waren wir zu direkt, zu fordernd gewesen. Aber es ruckelte sich zurecht. Doch es sind Erfahrungen wie diese, die einem immer wieder klar machen: Wenn du es schaffen willst, dann musst du es allein schaffen. Es kommt auf dich an.

Was für uns sprach beziehungsweise was uns stolz machte: Wir waren eine richtige Firma. Wir hatten ein schickes Büro. Wir hatten Mitarbeitende. Wir hatten Erfolg. Und wir hatten immer Spaß. Wir nahmen das WG-Feeling auch in die Karlstraße mit. Auch dort feierten wir Partys, auch dort saßen wir abends beim Bier zusammen, machten legendäre Feiern. Der Vermieter kam oft dazu, ihm gefiel das. Work hard, party hard. Wir waren vielleicht die Ausnahme in Karlsruhe, wir waren anders als andere Start-ups, unsere Produkte wurden einerseits von manchen immer noch abschätzig beäugt. Andererseits zeigten wir, wie Wachstum aussieht, wie aus dem Nichts, aus einem puren Gedanken etwas entstehen kann. Wenn man hart arbeitet, Rückschläge aushält – und bereit ist, zu lernen.

Berge *von* Büchern

Und hier noch eine Erkenntnis für alle Start-up-Abenteurer: Lernen ist das A und O. Man kann aus Erfahrungen lernen, aus Rückschlägen, an der Universität natürlich, auch von Vorbildern, von Professorinnen und Professoren, von Lehrerinnen und Lehrern – und aus Büchern. Bücher waren für unsere Lernkurve zentral. Andere lassen sich gerne ablenken, schauen nach der Arbeit Netflix, kümmern sich um Hobbys. Wir haben immer gelesen. Berge von Büchern, Fachbücher zum Programmieren, Fachbücher, wie man einen sauberen Code schreibt, aber auch Sachbücher zu Leadership, zum Thema Personal Improvement, zu Marketing, alles, was auf dem Markt war.

In einer sehr frühen Phase hatten wir sogar eine Challenge ins Leben gerufen. Es ging darum, wer es als Erster schafft, 52 Bücher zu lesen, also mindestens ein Jahr lang jede Woche eins. Es war ein organisiertes Wettlesen, aber es ging auch darum, die wichtigsten Inhalte zusammenzufassen, den anderen zu präsentieren. Man kann sagen, dass wir wirklich mit Büchern gearbeitet haben. Wir haben Bekannte und Kollegen nach Buchtipps gefragt, haben es kultiviert, das Lesen.

Alles keine leeren Worte, ehrlich. Das hatten wir unseren neuen Mitarbeitenden immer mit auf den Weg gegeben. Jeder, der bei uns anfing, hat zum Einstieg drei Bücher bekommen. Und zwar »The Lean Startup« von Eric Ries, »Extreme Ownership« von Jocko Willink und Leif Babin sowie »Die 10 x Regel« von Grant Cardone.

Warum gerade die drei Bücher? Nun, Cardone ist einer jener amerikanischen Speaker, die das ganz große Rad drehen wollen. Sicher ist vieles darin zu extrovertiert, zu amerikanisch, zu überdreht. Wir verbinden mit dem Buch aber vor allem den Ansatz, größer zu denken, sich mehr zuzutrauen, immer mehr zu wollen. Das Buch ist aus unserer Sicht das beste Gegenmittel, sich nicht immer kleiner zu machen, als man ist.

Das Buch »Extreme Ownership« hat eine klare Botschaft: Du bist selbst verantwortlich. Zwar hat das Buch einen militärischen Hintergrund, es sind ehemalige Seals, die es verfasst haben – aber das ist nicht entscheidend. Uns geht es um den Inhalt, darum, nicht dem Drang zu erliegen, die Schuld für eigenes Versagen bei anderen zu suchen –

sondern jede Verantwortung für das eigene Handeln zu übernehmen.

Und »The Lean Startup« ist ein Standardwerk für Gründerinnen und Gründer. Ein Mutmacher-Buch für junge Unternehmer, ein Appell, nicht einem Perfektionismus hinterherzurennen, sondern Stück für Stück an der Verbesserung zu arbeiten. Es dürfen Fehler gemacht werden, nichts muss von Anfang an perfekt laufen – aber der Wille muss stimmen. Der Wille, immer besser werden zu wollen. Und weil sich diese Bücher optimal ergänzen, waren sie Teil des Starterkits.

Olli hatte irgendwann sogar die Idee, eine Art Buchclub im Unternehmen aufzubauen. Eine Gruppe, in der man sich gegenseitig Bücher empfiehlt, sich über den Inhalt von Büchern austauscht, diskutiert und schaut, wie man den Input in die Prozesse der Firma integrieren kann. Wir haben enorm davon profitiert, so viel wie möglich zu lesen. Mindestens so viel wie aus Büchern haben wir auf Reisen gelernt.

Das siebte Level ist das zweite große Professionalisierungs-Level. Das Unternehmen bekommt Grip. Neue Orte und Räume, neue Etablierung und Anerkennung. Business läuft, Kurve nach oben. Wir spüren große Euphorie. Wind unter den Flügeln. Fühlt sich frei an.

Level 8 in Sicht. Wer reist, kann etwas erzählen. Wer viel reist, kann viel erzählen. Vor allem, in welche Straßen man nicht einbiegen sollte. Und wie schnell ein Organigramm zur Disposition stehen kann.

MITTEN IN DIE PRÄRIE REITEN

oder
das Go-West-Level

» Ihr solltet euch entscheiden«, sagte Maria. Sie ist gebürtige Spanierin und war im Gespräch in der kalifornischen Hotellobby sehr bestimmend: »Das wird nicht funktionieren mit zwei gleichberechtigten CEOs, das wird nur Stress geben!« Wir waren etwas irritiert. Einerseits hielten wir unser Modell für tragfähig, auf der anderen Seite wussten wir nicht, was wir antworten sollten. Maria wusste das sehr wohl: »Ich sage das ganz klar, ihr müsst die Aufgaben so einteilen, dass es nur einen CEO gibt!«

Holla!

Wir waren in der großen, weiten Welt angekommen. Maria war von Chartboost, einer in San Francisco ansässigen Firma, die unter anderem Gaming-Apps mit Werbung ausstattet. Und natürlich war sie eine wichtige Gesprächspartnerin, mit Chartboost wollten wir ein neues Kapitel aufschlagen und Maria wollten wir dafür begeistern. Dass sie gleich mal unser Organigramm ins Visier nahm, lag an der gelebten Offenheit in Kalifornien. Sie sagte uns geradeheraus, was sie richtig fand und was nicht. Und das eben sehr eindringlich und umfassend. Ohnehin lag ihr Redeanteil bei geschätzten 90 bis 95 Prozent, wir teilten uns gemeinsam mit dem Kellner die restlichen fünf Prozent. Maria sagte, was Sache war. Und genau das war gut für uns.

Hohe *Metal-Shirt-Dichte* pro Quadratmeter

Wir feierten in diesem März 2017 Premiere in San Francisco. Zum ersten Mal besuchten wir die GDC, die Game

Developer Conference, und wir wollten lernen. Bei der Gamescom 2016 hatte sich ja als unser zentrales Problem erwiesen, dass wir niemanden kannten und uns niemand kannte. Im März 2017 bei der GDC sollte sich das ändern. Das vergangene Halbjahr war richtig gut gelaufen, unser Spiel hatte Erfolg, das neue Büro war bezogen, die Einnahmen stiegen kontinuierlich, deshalb beschlossen wir, nach San Francisco zu reisen.

Wer in der Gaming-Branche was sein will, muss dahin. Das ist DIE Entwicklermesse, das Businesstreffen für Gaming-Firmen weltweit, sie ist so etwas wie das nächste Level der Kölner Gamescom. Anders als die Gamescom, die sehr stark auch eine Consumer-Messe ist, ist die GDC ganz stark ein Entwicklertreffen. Sie findet in der Regel im März statt – und in den Tagen herrscht zum einen die höchste Dichte an Metal-Shirts und Vollbärten pro Quadratmeter weltweit, zum anderen finden sich dort immer auch die eher jüngeren interessierten Leute (viele ohne Metal-Shirt) – die Mobile-Game-Leute (ergo: wir).

Kurz und gut: Wer ein PC-Spiel, ein Mobile Game entwickelt, muss dahin. Überhaupt wollten wir ins Zentrum der Internetwelt, ins Silicon Valley, dahin, wo alles begonnen hatte, wo die Giganten sich gründeten, ins Heartland of the Internet. Dort vermuteten wir Technologiepartner, Anregungen, Motivation, Energie, Power – und Lektionen wie die von Maria.

Und weil »einfach mal hinfahren« sich bei der Gamescom schon nicht bewährt hatte, vereinbarten wir vorab mehr als 50 Gesprächstermine. Und es klappte. Es gelang uns, die richtigen Mailadressen zu organisieren. So bauten wir uns lange vor dem Abflug einen effizienten Terminplan zusammen. Damit wir eben nicht mehr wie in Köln vor dem Security-Mann stehen und dieser »No!« sagt, weil wir keinen Termin haben. Da wir so intensiv mit Terminen, möglichen Gesprächspartnern und der Frage, wie wir an deren Mailadresse kommen könnten, beschäftigt waren, achteten wir nicht so genau darauf, was es heißt, sich ein billiges Hotel in San Francisco zu nehmen, welches das Budget nicht übermäßig strapazieren sollte.

Woher kommt *das ganze Glas?*

Das »Touchstone Hotel« war dann eine, sagen wir: Überraschung. Es ist ein komplett heruntergekommenes Hotel, die Bilder im Netz sind eher trügerisch oder können die tatsächliche Verwahrlosung geradeso kaschieren. Durch die Fenster zieht es, die Wände sind dünn wie Pappe. Und wer das Pech hat, ein Zimmer zum Hof zu haben (und wir hatten das Pech), wurde jeden Morgen um vier Uhr geweckt, weil der Glascontainer geleert wurde.

Neben den drängenden Fragen – Warum jeden Morgen? Warum gerade um vier Uhr? Und woher kommt eigentlich das ganze Glas? – stellte sich uns vor allem eine Frage: Was genau an diesem Hotel rechtfertigt einen Zimmerpreis von 300 Dollar? Doch während auf der GDC den meisten der Gesprächspartner unsere Fragen sehr willkommen waren, gab man sich an der Rezeption im »Touchstone« etwas zugeknöpfter.

Der Weg ins verheißungsvolle Technologieland war für die »guys from Germany« tatsächlich etwas steinig.

Szenenwechsel: An einem Morgen nahmen wir uns vor, ein im Netz top bewertetes Café aufzusuchen. Wir gaben die Adresse ein, und Google Maps führte uns zügig weg vom Hotel, zunächst durch eine sehr belebte Straße, durch lebendige Viertel mit Cafés, vielen Menschen, Verkehr. Dann aber sollten wir laut Route in eine Seitenstraße abbiegen. Und plötzlich, wirklich nur wenige Meter entfernt, waren wir in einer komplett anderen Gegend, einer richtig rauen Gegend – im berühmt-berüchtigten Stadtteil Tenderloin. Die Häuser noch heruntergekommener als unser Hotel, Müllsäcke vor der Tür. Auf der Straße standen kleine Gruppen von jungen Männern in sehr weiten, Hip-Hop-tauglichen Klamotten. Es war wie im Film. Sechs, sieben Typen lungerten um ein Auto herum und alle sahen nicht so aus, als kämen sie gerade vom Kirchentag. Eher das Gegenteil. Sie sahen eher aus, als wollten sie hoffnungsvollen GDC-Besuchern aus Karlsruhe mal zeigen, wie ein Computerspiel in echt ausgehen kann.

Wir, als treue Nutzer von Google Maps, ließen uns zunächst nicht durch den Anblick irritieren. »Google hat gesagt, es geht da durch, also müssen wir da durch«, sagte Olli. Und in der Welthauptstadt des Internets macht man, was die Plattform sagt. Obwohl Google Maps nicht ausdrücklich gesagt hat: »Geht da aber recht zügig durch!«, sind wir dann sehr zügig durch. Und eigentlich sprach auch nicht viel dafür, dass Daniel ausgerechnet in dieser Gegend zum Geldautomaten geht, um ein paar Scheine für das Frühstück abzuheben. Das wiederum fanden jetzt die Jungs von der Straße interessant, begleiteten Daniel sogar zum Automaten. Offenbar wollten sie Hilfestellung geben. Daniel nahm sehr schnell Abstand vom Geldautomaten. Und wir nahmen in den nächsten Tagen sehr viel Abstand von dieser Gegend.

Das war noch nicht ganz das krasse Silicon-Valley-San-Francisco, das wir erwartet hatten.

Der Erste **wollte uns gleich** *kaufen*

Das entdeckten wir allerdings auf der GDC, der Game Developer Conference, 2017. Die GDC ist von den räumlichen Ausmaßen deutlich kleiner als die Gamescom in Köln. Auf dem Messegelände gibt es Stände, auch einen Consumer-Bereich, es kommen auch Besucher in Kostümen, Cosplay-Fans, aber die eigentliche Messe findet in Hotellobbys, in Restaurants und Cafés rund um das Messegelände statt. Die Fachbesucher treffen sich nicht in abgetrennten Bereichen, sondern im informellen Rahmen, zum lässigen Connecten, Kennenlernen, Netzwerken. Mehr als die Spielleidenschaft steht das Business im Mittelpunkt. Und hier kommen die Leute zügig zur Sache. Im ersten Gespräch wollte der Gesprächspartner uns gleich kaufen. Er hatte unsere Produktzahlen gesehen, offenbar das Spiel analysiert – und wollte zügig zum Abschluss kommen.

Das erinnerte uns an das Angebot zum Jahreswechsel 2016/2017. Da standen wir bereits in Verkaufsverhandlungen, der potenzielle Käufer wollte uns fünf Millionen Euro bezahlen – und unsere Eltern fanden, das sei viel Geld. Aber wir sagten nein. Einerseits war es zwar recht viel Geld, auf der anderen Seite hatten wir sehr viel Zeit und Energie hineingesteckt, und wenn man es genau nahm: Fünf Millionen geteilt durch fünf, abzüglich Steuern – das war weniger, als wir erhofft hatten. Das war eine wichtige Lernphase. Wir mussten auf Englisch verhandeln, wir verhandelten vor allem mit Leuten, die das täglich machen, die absolut routiniert darin sind, das Beste für sich herauszuholen. Sich da irgendwie zu behaupten, Haltung zu zeigen, das fordert ein paar Mittzwanziger, uns fehlten da nicht selten die richtigen Worte. Und das souveräne Businessauftreten. Woher auch?

Aber es schult einen. Auch die Erfahrung, dass niemand beleidigt ist, wenn man »Nein« sagt, dass man niemanden verprellt – weil es ja immer ein Auftakt für eine nächste, eine künftige Verhandlung sein kann. »Gestählt« von dieser Erfahrung ließen wir uns auf der GDC nicht zu früh auf Sachen ein. Denn wir wollten größer werden, nicht verkaufen. Wir brauchten Input, Impulse, Kooperationen. Deshalb waren wir in die USA geflogen.

Mit jedem Gespräch wurden wir lockerer. Für uns Europäer, uns Heidenheimer ist es meist eine Herausforderung, adäquat auf das amerikanische »How are you?« lässig zu antworten. »Doing well, thanks!«, »Not bad, yourself?« oder die beste Lösung: »Fine.« Man lernt recht schnell, weniger verklemmt zu sein. Außerdem haben wir in den USA erlebt, wie Gesprächspartner meist versuchen, dass man sich in einem Gespräch wohlfühlt, dass man nicht gestresst wird. In der Regel haben sie ein aufrechtes Interesse an dem, was du kannst und machst.

Wer *nur redet,* erfährt *wenig*

Aus unseren Karlsruher Gesprächsrunden waren wir gewohnt, dass uns Skepsis entgegenschlug: »Joa, also Mobile Games, das ist riskant, habt ihr euch das gut überlegt?« Immer gab es Zweifel, Stirnrunzeln, kritische Stimmen. Und wirkliche Topmanager hätten sich sowieso kaum herabgelassen, mit uns zu sprechen. Rund um die GDC herrschte ein anderer Spirit. Obwohl wir auf der Gaming-Weltbühne noch nicht relevant waren, sprachen mit uns zahlreiche Topleute. Sie waren offen, sie waren interessiert an dem, was wir machten, und beantworteten geduldig unsere Fragen. Wir löcherten sie regelrecht. In Karlsruhe sagte einmal einer zu uns: »Das war wie in der spanischen Inquisition«, nachdem er einen Nachmittag mit uns verbracht hatte, wir haben ihn quasi ins Kreuzverhör genommen, gefragt und gefragt. Das entspricht bis heute unserem Selbstverständnis. Wer selbst die meiste Zeit redet, erfährt wenig. Deshalb fragen, fragen, fragen. Wer nicht neugierig ist, erfährt nichts. Und deshalb ist unsere Devise: Versuche mit so vielen interessanten Menschen wie möglich ins Gespräch zu kommen.

Wir hatten Marc Pincus angeschrieben, den Zynga-Gründer, eine Legende auf dem Gebiet der Browserspiele, der mit »FarmVille« auf Facebook eine neue Ära des Ga-

mings eingeläutet hatte. Irgendwie hatten wir die Mailadresse organisiert. Und Pincus anzumailen ist etwa so,
wie wenn du in Deutschland den Chef der Telekom an-
mailst, ob dieser Zeit für ein Gespräch hätte. Wir gingen
nicht davon aus, eine Rückmeldung zu erhalten. Von Pincus
kam dann eine sehr herzliche Mail zurück. Er freue sich,
von uns zu hören, finde spannend, was wir machen, sei
leider nicht auf der GDC, werde aber dafür sorgen, dass
wir mit einem Mitarbeiter sprechen können. Was tatsächlich auch geschah. Marc hatte uns an seinen Chief of Staff,
dieser uns an einen Vice President und der uns wiederum
an einen Business Analyst weitergeleitet. Das war jetzt
nicht ganz oben, aber immerhin. Der Mann traf sich mit
uns, nahm sich Zeit für uns. Auch das sind Erfahrungen,
und es sind solche Rückmeldungen, die einen extrem motivieren. Von solchen Branchen-»Stars« ernst genommen
zu werden, das pusht ungemein. Unternehmer, deren Fir-
menwert auf zehn Milliarden geschätzt werden, sprechen
mit den drei Fragezeichen aus der Karlstraße 45, 76133
Karlsruhe und loten mit uns aus, welche Potenziale sich
für uns ergeben könnten.

From the *middle* of *nowhere*

Überhaupt haben viele unserer Gesprächspartner mehr
Potenzial bei uns gesehen als wir selbst. Auch etwas sehr
Typisches im amerikanischen Business: in Potenzialen zu
denken, in Möglichkeiten zu denken. Es ist das Denken,
welches Visionäre wie Tesla-Gründer Elon Musk als das

Denken nach »First Principles« bezeichnen. Das bedeutet: anstatt immer der Annahme zu folgen, die von den meisten akzeptiert wird, genau diese Annahme infrage zu stellen. Wenn alle Welt überzeugt ist, Akkus für Elektroautos seien teuer, stellt Musk genau diese Überzeugung infrage, zerlegt die Prinzipien und buchstäblich auch die Bestandteile eines Akkus, also Kohlenstoff, Nickel und Aluminium, und fragt, warum diese Elemente, warum keine anderen usw.

Und so fragt man sich Schritt für Schritt »durch« eine Sache, und im besten Fall wird der Boden geebnet, um grundlegende innovative Lösungen zu schaffen. Das war sicher eine der wichtigsten Learnings unserer ersten GDC: in Möglichkeiten denken, sich nicht von vermeintlichen Gewissheiten beschränken lassen. Und nicht zuletzt hatten wir was vorzuweisen.

Unsere Produktdaten waren im März 2017 weiterhin sehr gut. Und wir hatten eine Story. Amerikanern gefiel unsere Story. Da kommen drei Jungs aus »the middle of nowhere«, machen Mobile Games, wo doch alle Welt Mobile Games macht. Und das Beste: Die drei Jungs haben kaum Erfahrung. Ihr erstes Spiel, eine Hund-Katze-Laserschwert-Schlacht, ist gefloppt. Aber: Flops und Fehler sind gut. Aus amerikanischer Perspektive sind Fehler sogar immens wichtig. Wer floppt und weitermacht, zeigt: Er will es wirklich. Und vor allem: Er wird denselben Fehler nicht mehr machen. Er hat etwas gelernt. Und da gilt das Unternehmermantra: Macht so viele Fehler so schnell wie möglich – woraus wollt ihr sonst etwas lernen?

In Deutschland gilt ein Fehler immer noch als eindrucksvolle Bestätigung, dass man sich auf dem Holzweg befindet. In den USA bilden Fehler das Fundament erfolgreicher Unternehmungen. Allein diese Erfahrung lohnte den Besuch der GDC.

Und natürlich die Erfahrung mit Nate.

Ab nach *Vegas?*

Nate – Kurzform von Nathaniel Barker – hatten wir in San Francisco kennengelernt. Er hat ein überschäumendes Temperament, ein Mann, der für das Networking geboren wurde. Er fand uns cool, engagierte sich für uns. Er hatte uns einen kostenlosen Co-Working-Space in der Zeit unseres Aufenthalts vermittelt, dann angefangen, für uns weiter nach Leuten Ausschau zu halten, die wir noch kennenlernen sollten. Auch er war überzeugt, dass wir der nächste heiße Scheiß sind, und stellte uns Gott und der Welt vor. Einmal während den zwei Wochen fragte er uns, ob wir am Abend Lust hätten, nach Las Vegas zu fliegen. Er kenne jemanden, der mit seinem Privatflieger hinjette, wir könnten uns anschließen, ein bisschen in Vegas spielen und feiern, auch etwas Networking machen, am nächsten Morgen seien wir wieder da. Doch angesichts dieser in Aussicht gestellten Lustbarkeit brach der von protestantischer Arbeitsethik geprägte Schwabe in uns durch: »Wir müsset doch morge schaffe!« Also, kein Vegas!

Unsere Grenzen wurden uns in der GDC-Zeit auch von einem Google-Manager aufgezeigt. Dieser, ein Deutscher, lud uns zum Gespräch in ein teures Fischrestaurant am Hafen. Das Restaurant war berühmt für seine Hummer. Leider. Denn wir wussten vielleicht, wie man einen Minenarbeiter zu Spielzwecken programmiert, aber eben nicht, wie man einen Hummer unfallfrei am Esstisch zerlegt. Auf dem Weg zum Restaurant schauten wir einige Hummer-Zerleg-Videos auf YouTube und wie man mit der Hummergabel in die Zangen fährt. Doch im Restaurant verließ uns dann der Mut. Wir bestellten Pasta. Irgendetwas im Leben ist halt immer eine Nummer zu groß. Gilt für jeden.

Gemeinsam *groß* werden

Generell hatte die GDC ganz konkrete Folgen für uns. Wir trafen nämlich auf einen absolut passenden Kooperationspartner: die Leute von PlayFab, ein paar sehr nette Jungs. PlayFab war auch ein kleines Start-up, kaum größer als wir. Und sie konnten Tools bauen, die unseren »Idle Miner Tycoon« deutlich aufwerteten. Beispielsweise Tools für Leaderboard, ein Element, um Rankings und Bestenlisten abzubilden. Mit der Hilfe von PlayFab konnten wir außerdem Tools installieren, mit denen man sehen kann, welche Freunde gerade spielen und wo sich die Freunde gerade befinden, perfekt für ein Multiplayer-Spiel. Was damals als Kooperation begann, entpuppte sich für beide Seiten als Erfolgsgeschichte. Wir sind sozusagen gemeinsam groß geworden. Inzwischen wurden sie übrigens von Microsoft gekauft. Wir waren damals einer der Pilotkunden, wir haben mit James Gwertzman, deren CEO, eng zusammengearbeitet.

Die Kooperation mit PlayFab war ein sehr erfreuliches Ergebnis unseres USA-Trips. Weniger sichtbar, dafür spürbar war das dort erlebte Mindset. Dieses »Macht das!« Bevor wir hinflogen, hatten wir noch Restzweifel, die Skepsis im Karlsruher Umfeld ließ uns nicht unbeeindruckt. Nach den 14 Tagen in Kalifornien und den vielen Ermutigungen wussten wir: Wir sind auf dem absolut richtigen Weg. Wir werden genau so weitermachen. Da draußen in der Welt gibt es Menschen, die an uns glauben! Deshalb wollen wir jetzt noch besser werden. So aufgepumpt mit neuen Ideen und neuer Inspiration kamen wir nach Karlsruhe zurück. Einziger Wermutstropfen: Zu Hause hatten sie etwas die Zügel schleifen lassen. »Die Chefs« waren nicht da, also wurden Updates verschoben und alles etwas langsamer angegangen. Das kam dann auch auf die To-do-Liste. Wie kann der Organismus effektiv weiterlaufen, wenn »die Chefs« mal nicht da sind?

Das achte Level ist das Wir-müssen-hier-mal-raus-Level. In den USA werden wir erstmals auf Augenhöhe richtig wahrgenommen. Unser Wagemut bekommt einen Booster. Wir sind wer! Türen öffnen sich. Neuland betreten. Schüchternheit ablegen. Aufgepumpt wieder nach Hause.

Level 9 in Sicht. Als »die Chefs« wieder zurück sind, wird erst mal die Sprache geändert. Wir gehen in die Vollen.

ALL-IN

oder
das Ick-will-nach-
Berlin-Level

ie Gaming-Branche hat in Deutschland deutlich zu-
gelegt. Eine Umfrage des Branchenverbands Bitkom
hat ergeben, dass hierzulande inzwischen die Hälfte der Be-
völkerung zumindest gelegentlich spielt, selbst Menschen
ab 65 zocken mehr als vorher. Die größte Zockergruppe
sind die 16- bis 29-Jährigen, und aus durchschnittlich
fünf Stunden sind inzwischen laut Umfrage 8,5 Stunden
pro Woche geworden. 2020 betrug der Umsatz im Gaming-Markt in Deutschland rund 8,5 Milliarden Euro,
eingerechnet sind dabei Spiele, Hardware, Abo-Gebüh-
ren, In-Game-Käufe. Insgesamt, so Schätzungen, belaufen
sich die weltweiten Einnahmen der Online- und Video-
Games auf 150 Milliarden US-Dollar, bis 2030 soll der
Umsatz auf mehr als 280 Milliarden US-Dollar ansteigen.

Das ist ein Markt, von dem einiges zu erwarten ist. In
den USA hat der Umsatz von Gaming-Produkten, der bei
rund 57 Milliarden US-Dollar im Jahr 2020 lag, die Umsätze der Filmindustrie (32 Milliarden US-Dollar) und
der Musikindustrie (12,2 Milliarden US-Dollar) überflü-
gelt. Gaming entwickelt sich zu der zentralen Unterhal-
tungsindustrie. Und obwohl Deutschland im Hinblick auf
den Umsatz zu den großen Nationen zählt, stammen, laut
Branchenverband Game, nur fünf Prozent der Spiele aus
Deutschland. Hier gibt es echten Nachholbedarf. Länder
wie Kanada, Frankreich, auch Polen haben längst verstanden, dass die Games-Branche eine wichtige Zukunfts-
branche ist.

Seit 2019 fördert die Bundesregierung zwar die deutsche Gaming-Industrie mit jährlich 50 Millionen Euro.

Doch der rückständige Breitbandausbau, die fehlende digitale Bildung und der Mangel an Fachkräften zehrt auch an der deutschen Games-Branche – und macht den Standort Deutschland für die Entwickler und Programmierer nicht eben attraktiver. Nach Angaben der International Game Developers Association (IGDA) arbeiten 39 Prozent der Spieleentwickler, Programmierer und Game-Designer in den USA, zwölf Prozent in Kanada, in Großbritannien sind es noch fünf Prozent und in Deutschland leider nur ganze vier Prozent.

Andere Sprache

Das mag womöglich an der immer noch verbreiteten Meinung liegen, PC-Games trügen zur Verrohung der Jugend bei, oder an einer allgemeinen Fehleinschätzung des technologischen Fortschritts – wonach eben auch Bereiche wie die Gaming-Industrie Innovationen und vor allem Arbeitsplätze schaffen können. Die einzige Chance als Gaming-Firma in Deutschland besteht darin, sich so früh wie möglich sehr international aufzustellen. Und so war für uns eine erste Maßnahme nach der Rückkehr aus San Francisco: Wir ändern die Sprache.

Ab April 2017 haben wir intern auf Englisch als Firmensprache umgestellt. Die Meetings waren auf Englisch, die internen Nachrichten, die Kommunikation, alles. Es war ein sichtbares Zeichen: Wir wollen internationaler werden. Und es war schlichtweg eine Notwendigkeit: Wenn wir gute Game-Designer und Entwickler einstellen wollen, können wir uns nicht auf den deutschen Markt beschränken. Nicht zuletzt, weil es hier einfach zu wenig Fachkräfte gibt. Uns wurde im Frühjahr 2017 bewusst, dass wir Leute aus aller Welt brauchen. Ein ambitioniertes Start-up mit WG-Flair und Studentencharme zu sein, ist das eine – eine richtige Firma zu werden, mit einer internationalen Ausrichtung, etwas ganz anderes. Wir selbst waren bereit, uns umzustellen, Englisch zu sprechen, alles der Firma unterzuordnen, unser Leben, unseren Alltag nach den Anforderungen der Firma auszurichten. Aber hatten wir das Team dazu, um international mitzuhalten? In diesen Frühjahrstagen zeichnete sich ab, dass es schwierig werden würde, Fachkräfte nach Karlsruhe zu lotsen, dass wir zwar Arbeit, Potenzial und Topaussichten hatten, aber würde es uns gelingen, Talente davon zu überzeugen? Warum sollten Toptalente ins Badische kommen?

Es war im Prinzip erst wenige Monate her, dass wir ins neue Office gezogen waren. Aber der Gedanke an einen nächsten Umzug beschäftigte uns sehr. Wir wollten in Deutschland bleiben. Aber dann musste es eben eine Stadt wie Berlin werden, auch um als Firma international bestehen zu können. Berlin ist die Start-up-Hauptstadt, Berlin ist attraktiv für internationale Talente, Berlin hat Clubs, Kneipen, Nachtleben wie keine andere deutsche Stadt, und auch das machte die Stadt als Standort für die Firma oder vielmehr für Bewerber attraktiv.

Es ging nicht um das Potenzial unseres Spiels oder um unsere Fähigkeiten als Unternehmer, sondern nur um die

Attraktivität des Standorts. Aber klar war auch, wir können nicht einfach so mit der Firma nach Berlin ziehen. Vor allem erlebten wir gerade einen unglaublichen Aufschwung in Karlsruhe. Die Downloadzahlen schossen durch die Decke und die Umsätze stiegen kontinuierlich. Auch weil wir über unseren Schatten gesprungen waren.

Die *Segnungen* des Marketings

»Marketing machen wir nicht!« Zu Beginn waren wir in dieser Frage sehr klar und überzeugt. Wir kommen von der Schwäbischen Alb – Werbung und Marketing hielten wir für entbehrliche Kosten. Die volle Konzentration galt unserem Produkt, galt der permanenten Verbesserung des Produkts. Das altbewährte Mantra, wonach sich »Qualität durchsetzt«, wollten wir in die Gaming-Welt übertragen und ganz bestimmt nicht Tausende von Euros für irgendwelche undurchsichtigen Werbemaßnahmen bezahlen. Da fehlte uns schlichtweg das Vertrauen.

Nicht zuletzt hatten wir bisher nicht nur gute Erfahrungen mit Marketing gemacht. Daniel hatte ja ein paar Jahre zuvor die Jobplattform Tibuga gegründet. Und irgendwie wollte er sie bekannter machen. Also entschied er sich, für 5000 Euro ein Original-handmade-Affenkostüm zu erwerben – und mit diesem Kostüm durch Karlsruhe zu gehen, um die Plattform populärer zu machen. Man hätte das Geld sicher sinnvollerweise ins Business stecken können. Auf der anderen Seite: Als Affe durch Karlsruhe zu wandern, diese Erfahrung hat nicht jeder gemacht. Aber die ausbleibende Wirkung des Kostüms, weil sich dadurch nichts für unser Business änderte, hatte unsere Skepsis im Hinblick auf Marketing verstärkt.

Wie man sich irren kann.

Schon in San Francisco hatten die Kollegen aus der Branche sehr deutlich gesagt, dass Marketing der entscheidende Baustein ist, um wirklich erfolgreich zu werden. Also erfolgreich im Sinne von: umsatzstark. Aber wir scheuten uns davor, wähnten in der Werbewelt zu viele Abzocker am Werk, die uns ausnehmen würden. In unserer Vorstellung waren Werbe- und Marketingleute so wie in der amerikanischen Serie »Mad Men«: Männer, die lässig Kunden ausnehmen. Sorry, ist aber so nicht.

In einem Branchentreffen mit einem großen Werbenetzwerk wurden die Gesprächspartner recht deutlich: »Hey Jungs, ihr müsst Marketing machen!« Sonst würde das nichts mit unserem Spiel. Es waren Thomas und Johannes Heinze von Applovin, zwei Topmarketingleute – und weil sie unser Zögern registrierten, weil sie diese Sorge bei Start-ups schon öfter erlebt hatten, sagte Thomas: »Okay, wir schenken euch 10 000 Dollar, 10 000 Dollar in Form von Marketingmaßnahmen«. Wir kannten die Briefe von Google, die uns als Jungunternehmer 50 Euro für GoogleAds schenken wollten – aber 10 000 Dollar, das war ein Wort. Und sie hielten Wort, sie holten uns sozusagen aus dem Schattendasein und veränderten unser Unternehmen. Zunächst produzierten sie kleine Videos von »Idle Miner Tycoon«, kauften Werbezeiten in anderen Spielen. Gerade bei Apple hinkten wir damals schwer hinterher. Die dortige Nachfrage brachte uns nicht nach vorne, wir hatten dort vielleicht zehn Downloads am Tag. Aber nun passierte etwas, ohne dass wir viel machen mussten.

Volkmar **produzierte** *Videos*

Es vergingen ein, zwei Wochen und plötzlich schossen unsere Downloadzahlen in die Höhe. 50 000 Downloads am Tag, 100 000 Downloads am Tag. Wir konnten es kaum glauben. Es war, als hätten wir eine sprudelnde Quelle entdeckt (was wir im Prinzip auch hatten). Man mag über die Nachhaltigkeit von Werbung diskutieren, bei uns zeigten ein paar geschickte Platzierungen eine unmittelbare und sehr deutliche Wirkung. Von da an stiegen sowohl Download- als auch Umsatzzahlen. Von 10 000 auf 100 000 Euro am Tag. Das Marketing, dem wir zuvor so skeptisch gegenübergestanden hatten, funktionierte. Wir waren überzeugt. Vor allem auch, weil ein Mann in unser Unternehmerdasein trat, der von da an unser Marketing managte.

Volkmar.

Wir schreiben hier oft von uns dreien (anfangs von uns fünfen) und wie wir uns gegen Widerstände behauptet hatten, wie wir mehr unbewusst als bewusst richtige Entscheidungen getroffen hatten. Dabei wollen wir nicht vergessen, dass es in unserem Kreis Mitarbeitende gab, ohne die wir nicht das erfolgreiche Unternehmen Kolibri Games geworden wären. Es waren Leute, die an uns geglaubt haben, die von unserem Ansatz überzeugt waren, die sich engagiert haben. Menschen wie unser Ex-Schülerpraktikant Dominik, wie der umtriebige Nate – und eben wie Volkmar. Volkmar Reinerth, unser Marketingprofi.

Wenn man ihn sieht, würde man nicht denken, dass er ein Nerd wie wir ist, der sein Geld schon vor unserem Kennenlernen im Netz verdiente. Volkmar hat etwas von einem delta-Mann, ein sehr lockerer Typ, kein Metal-Shirt-Gamer, aber mit einem sehr klaren Blick fürs Wesentliche – und eine entscheidende Bereicherung für unser Team. Volkmar machte von da an Marketing, erst als Ein-Mann-Armee.

Er produzierte Videos beziehungsweise, er musste verhandeln, dass er einen Artist bekam, der ihm dabei half. Er kaufte Werbezeiten, platzierte unseren Minenarbeiter weltweit auf Marketingplattformen – und vor allem scannte er permanent die Werbe- und Marketingmaßnahmen, ob die bezahlten Einheiten echt waren, ob das Geld genutzt wurde, um wirklich Werbung zu machen.

»*Sorry*, vielleicht finden sie es einfach *nicht gut.*«

Und im Internet herrschte lange Zeit Wild West (und herrscht noch immer). Betrügereien, sogenannte Frauds, tauchen in allen Varianten auf, auch beim Marketing. Ein häufiger Fraud ist: Du gibst einem auf Werbung spezialisierten Unternehmen 30 000 Euro für neue Werbemaßnahmen. Du hoffst dadurch auf steigende Downloadzahlen – und dann stellt sich heraus, dass ein Großteil der

Nutzer die App nur ein einziges Mal geöffnet hat. In einem Fall hatten beispielsweise 95 Prozent aller Nutzer »Idle Miner Tycoon« nur ein einziges Mal geöffnet und dann nie wieder. Das war sehr auffällig. Dann fragst du beim Werbeanbieter an: »Wie kann das sein? Warum spielen die nicht? Warum klicken die nur einmal?«

Und dann sagt er dir: »Sorry, vielleicht finden die es einfach nicht gut, vielleicht hat es die nicht so gecatcht, vielleicht ist euer Spiel nicht so gut!« Und dann weißt du: Der Kollege hat dich reingelegt.

Er und seine Firma haben die 30 000 Euro eingestrichen, und irgendein Programm, irgendein Bot hat dein Spiel jeweils einmal öffnen lassen, um Traffic vorweisen zu können. Die Wirkung ist null, der Ärger groß. Volkmars Aufgabe war, solche Betrügereien herauszufiltern und uns vor Schaden zu bewahren. Auf der anderen Seite war er verantwortlich für neuen Marketing-Content. Das ging von der klassischen Bannerwerbung, die beim Besuch einer Webseite oben oder unten auftaucht, was in der Regel sehr nervig für Nutzer ist, über kleine 15-Sekunden-Videos, in denen knapp und komprimiert vorgestellt wird, wie das Spiel aussieht, was einen erwartet, bis hin zu sogenannten Playables.

Playables sind recht aufwendig, aber auch sehr wirkungsvoll. Im Prinzip sind es 30-sekündige Miniversionen des Spiels. Innerhalb dieser Zeit erlebt der User einen Spielablauf. Diese müssen extra programmiert werden, sie lassen sich nicht aus vorhandenen Spielsequenzen zusammenschneiden. Das sind extra produzierte Spiele im Spiel, sehr aufwendig, aber eben auch Umsatztreiber. Damals, 2017, war das eine der großen Innovationen im Netz. Und wir waren einer der ersten großen Spieleanbieter, die auf Playables gesetzt hatten.

Mit einem Schlag *größer*

Ja, in der Tat, Marketing wirkt. Innerhalb kürzester Zeit, im Herbst 2017, hatte sich unser Umsatz verzehnfacht, zehnmal mehr als noch im Sommer 2017. Wir machten einen Sprung auf 100 000 Euro Umsatz am Tag. Im September begannen wir nach und nach mit Marketingmaßnahmen, und Woche für Woche wurden unsere Zahlen besser, vor allem die Einnahmen stiegen. Ein Phänomen: Wir machten dieselbe Arbeit, machten regelmäßige Updates, pflegten Spiel und Community – und doch wurde alles mit einem Schlag größer.

Volkmars Arbeit war großartig. Pro Woche fertigte er bis zu 50 Videos an, es war ein wahrer Traum. Anfangs musste er wie gesagt noch bitten, dass ihn ein Artist bei der Produktion unterstützt, später stieß eine Marketingmanagerin hinzu und die Abteilung wurde bald darauf weiter professionalisiert. Es wurde permanent ausgetestet, was welche Spieler anspricht, wie beispielsweise ein Deutscher auf eine Marketingansprache reagiert oder ein Amerikaner von der West- oder Ostküste. Das alles taten wir, um in den App-Stores präsenter zu werden. Wir passten die Ansprache an, vereinfachten die Botschaften, testeten hier, testeten dort – und brachten weltweit Spieler in unsere Mine. Wir optimierten die Sichtbarkeit, ließen Textbotschaften in rund 30 Sprachen formulieren, rückten potenziellen Spielerinnen und Spielern immer näher. Wir wurden, marketingtechnisch gesehen, sehr umtriebig – und sahen, wie es wirkte.

Denn ein nicht nachlassendes Marketing ist der Schlüssel, um mit einem Spiel wirklich durchzustarten und vor allem wahrgenommen zu werden. Ein gutes Spiel ist das eine, regelmäßige Updates das andere, fast über allem steht jedoch die Aufmerksamkeit. Wenn keiner von dir und deinem Produkt weiß, bringen die schönsten Updates nichts. Eine alte Netzregel lautet: Bist du auf der zweiten Seite bei Google, findet dich keiner mehr! Und so musst du mit deinem Spiel in den App-Stores so weit wie möglich nach vorne rutschen. Selbst die großen Anbieter, die Top-Games machen ständig Werbung. Wir begannen, zehn Prozent unseres Umsatzes in Marketingmaßnahmen zu investieren.

Das *Milliardengeschäft* mit den In-Game-Käufen

Und je mehr Spieler angezogen wurden, desto mehr Umsatz machten wir mit den im Spiel verkauften In-App-Purchases. Zum Vergleich: »Fortnite« ist ein sogenannter Koop-Survival-Shooter, ein Spiel, bei dem die Spieler gemeinsam Bedrohungen bekämpfen, Materialien sammeln, um sich gegen die Gegner zu wappnen. Vor allem aber ist »Fortnite« ein Gratis-Game – und erzielt in Spitzenzeiten Umsätze von bis zu zwei Milliarden US-Dollar. Und das über sogenannte In-Game-Käufe.

Denn nicht der Download ist entscheidend, sondern die Zeit, welche die Spieler im Spiel verbringen. Das erhöht die Wahrscheinlichkeit von In-Game-Käufen, sprich: dass Spieler zahlen, um ein neues Level freizuschalten oder Materialien zu erhalten. Um die Spielzeiten auszudehnen, werden Belohnungen geboten oder zeitlich begrenzte Events. Darüber muss gesprochen, das muss erzählt werden, auf möglichst vielen Kanälen, unter anderem in den sozialen Netzwerken. Man muss schlichtweg in die Community investieren, um sie über einen längeren Zeitraum für ein Spiel zu begeistern. Wir nennen es Marketing. Performance-Marketing, das sich für uns zum wichtigen Umsatztreiber entwickelte. Wir hatten lange gebraucht, um uns vom Marketing überzeugen zu lassen, als wir den Effekt dann sahen, waren wir fast überwältigt.

»Das ist alles so *crazy!*«

Es war ein irrer Sommer 2017 in Karlsruhe. Wir hatten ein schickes Büro in der Innenstadt. Und als richtige Firma machten wir eine richtige Firmenfeier. Vielleicht ist das der Unterschied zu etablierten Firmen, bei denen auch Feiern abgeklärte Veranstaltungen sind – in einem Start-up mit einer Belegschaft, die im Schnitt um die Mitte 20 ist, willst du auf jeden Fall Spaß haben. Sicher, es geht um Geld, um Umsatz, um Erfolg, aber wir waren und sind junge Leute, für uns war es immer auch ein Abenteuer, kein Dienst nach Vorschrift, kein »Mahlzeit!«, sondern Leidenschaft, Inspiration und einfach die unbändige Lust, etwas gemeinsam zu erreichen. Und deshalb haben wir gefeiert, oft und ausgiebig. Nicht nur mit unseren Mitarbeitenden, auch Freunde und Bekannte aus Karlsruhe waren dabei. Premiere: Überall standen Leute, unser Vermieter mit Hund war da, dann kam es zum Showdown, der ersten CEO-Ansprache von Daniel. Er nahm sich ein Mikrofon, es pfiff einmal kurz durch die Box und dann: »Cool, dass ihr alle hier seid, das ist alles so crazy!« Und dann noch, dass die nächsten Jahre »noch besser« und wir die »Welt erobern« werden. So Sachen halt. Danach Tequila-Shots. Ja, es ging finanziell steil nach oben – und doch gab es insgeheim noch einen Gedanken, der nicht mehr nur ein Gedanke bleiben wollte.

»Topuni *mit* Toptalenten«

Dass wir nach Berlin gehen, stand im Grunde schon länger fest. Gerade in diesen heißen Zeiten 2017 wurde immer klarer, dass wir in Karlsruhe an Grenzen stoßen, nicht nur was die Anwerbung von Talenten anging. Auch andere Dinge änderten sich. Wir wurden auf einmal gemocht. Die Wirtschaftsförderung der Stadt Karlsruhe, die uns bis dahin nicht wirklich auf dem Schirm hatte, lud uns plötzlich zum Gespräch ins Rathaus. Offenbar erkannte man unser Potenzial, vor allem als Arbeitgeber. Also wurden uns die Stadt Karlsruhe und deren Vorzüge in den hellsten Farben geschildert. »Die Anbindung an die Universität!« »Eine Topuni mit Toptalenten!« »Das milde Klima, viel angenehmer als im kalten Berlin! Dort regnet es andauernd.« In den USA hätte indes ein vergleichbarer Stadtbeamter gesagt: »So, ihr zahlt fünf Jahre keine Steuern, wenn ihr in der Stadt bleibt, wir wollen unbedingt, dass ihr bleibt!«

Tatsächlich spielte das Wetter für uns nicht die große Rolle. Wir brauchten einen guten Standort, um für internationale Bewerberinnen und Bewerber attraktiv zu sein. Wir mussten dahin, wo in Deutschland eine Vernetzung mit der globalen Games-Branche möglich ist, wo wir interessante Leute und Entscheidungsträger treffen konnten. Wir wollten die Anbindung an die kreative und umtriebige Start-up-Szene.

Interessant blieb aber, wie sich die Dinge in Karlsruhe im Laufe von 2017 verändert hatten, wie die Menschen auf uns reagierten. Es gab welche, die uns anfangs belächelt hatten und die das plötzlich schon immer gewusst hatten, dass wir Erfolg haben werden. Andere empfanden Stolz, uns unterstützt zu haben, nach dem Motto: »Ganz ehrlich, wir waren waren die Einzigen, die an die geglaubt haben!« Obwohl eher das Gegenteil der Fall war. Für wieder andere waren wir das »Aushängeschild« der Stadt. Tatsächlich waren erst anderthalb Jahre seit unserem Desaster mit dem Hunde-Katze-Spiel vergangen – und jetzt wollten wir die Hauptstadt erobern.

Wir *würden noch* in der *WG sitzen*

Einige aber warnten uns ganz dezidiert vor Berlin. So, wie wir einst vor dem Thema Mobile Games gewarnt wurden, war jetzt die Hauptstadt der Gefahrenpunkt. Wir würden dort schon deshalb scheitern, weil Berlin zu groß und zu unübersichtlich sei und uns die Durchsetzungskraft fehlen würde. Wenn man aber Jahre später innehält und beim Schreiben dieses Buchs denkt, was wohl geworden wäre, wenn wir den gut gemeinten Ratschlägen und Warnungen gefolgt wären – dann würden wir vermutlich noch in der WG sitzen und träumen, was irgendwann möglich sein könnte.

Kurz und gut: In Karlsruhe hatten wir alles erreicht. Man kannte uns. Man schätzte uns. Unsere Partys waren legendär. Und im Steakhaus an der Ecke wurden wir mittlerweile sogar per Handschlag begrüßt – was sollte da noch kommen?

Unser Team bestand damals in Karlsruhe aus 32 Mitarbeitenden. In den Bewerbungsgesprächen seit Sommer hatten wir jedem neuen Kollegen, jeder neuen Kollegin gesagt, dass wir vorhaben, nach Berlin zu gehen. Zwei wollten nicht mit, alle anderen wollten mit uns das Abenteuer eingehen. Also machten wir uns im Herbst 2017, während unsere neuen Marketingmaßnahmen ihre volle Wirkung zeigten, parallel auf die Suche nach Büroräumen in der Hauptstadt. Zum Jahreswechsel 17/18 sollte der neue Standort bezugsfertig sein.

Was jedoch nicht funktionierte. Und ganz ehrlich: Es lag auch an uns selbst, da wir uns mit der Entscheidung zu viel Zeit ließen. Wir mussten immer wieder nach Berlin reisen, Büros anschauen, Verhandlungen führen. Das hat uns mehr und mehr vom eigentlichen Geschäft abgelenkt, ausgerechnet in einer Megawachstumsphase, mit

Marketing, neuen Updates – und vor allem vielen neuen Mitarbeitenden. Da fehlt immer irgendwo die Zeit.

Letztlich hatten wir uns für eine Etage im ehemaligen Postbank-Tower am Halleschen Ufer entschieden. 1000 Quadratmeter. Zum Vergleich: In Karlsruhe verfügten wir über 300 Quadratmeter, jetzt mehr als dreimal so viel. Und nun auch entsprechend mit höheren Mietkosten – aber der Tower war weithin sichtbar.

Der Postbank-Tower in Berlin-Kreuzberg ist Ende der 1960er errichtet worden. Das Gebäude hat 23 Stockwerke und gehört mit 89 Metern Höhe immer noch zu einem der höchsten Gebäude in Berlin. Ein Gebäude mit wahren Schätzen. Die Postbank nutzte das Haus bis 2016, danach sollte es eigentlich zu einem Wohn- und Hotelkomplex umgebaut werden. Das dauerte, Investoren und Bauherren konnten sich nicht mit der Bezirkspolitik einigen, und so wurde es unter anderem an Start-ups vermietet. Und eben auch an Fluffy Fairy Games, ehemals Karlsruhe. Da wir spät dran waren, weil sich alles verzögert hatte und das Büro im Postbank-Tower noch nicht fertig war, wir aber den Abschied aus Karlsruhe schon eingeleitet hatten, mussten wir noch bis zum endgültigen Umzug einige Wochen in einem Berliner Co-Working-Space, im WeWork an der Stresemannstraße arbeiten. Und da wartete gleich eine unangenehme Überraschung auf uns. Doch erst galt es, sich stilecht zu verabschieden.

Die Abschiedsparty in unserem Karlsruher Büro war etwas aus dem Ruder gelaufen. Und offenbar hatten ein paar Leute in der Begeisterung auf dem einbetonierten

Marmortisch getanzt, was zu Kratzern im teuren Marmor geführt haben soll. Es war von Stöckelschuhen die Rede. Außerdem waren Teile der Wandverspachtelung zerbröselt. Natürlich beglichen wir den Schaden sofort.

Als wir dann, im Februar 2018, in diesem riesigen leeren Raum in Berlin standen, der wenig später unser neuer Unternehmensstandort sein sollte, in diesem riesigen Raum, in dem du locker Fußball hättest spielen können, da hatten wir drei das Gefühl: Jetzt haben wir es geschafft! Jetzt waren wir angekommen. Wir waren in Berlin, wir hatten ein Unternehmen, das in den nächsten Wochen rasch auf 80 Mitarbeitende anwachsen sollte.

Das neunte Level ist das Volles-Risiko-Level. Wer A sagt, muss auch B sagen. Provinz hat ausgedient. Die Metropole ruft. Alle reden nur noch Englisch. Große Schuhe, die auf uns warten. Wir schlüpfen rein, fühlt sich gut an. Erste Schritte. Ja, wir sind stabil.

Level 10 in Sicht. Wir ziehen nach Berlin. In kurzer Zeit wird man uns bereits zweimal ausgeraubt haben.

ES GEHT IMMER WEITER

oder
das Panzerschrank-
Level

€in grauer Januarmorgen in Berlin. Wir kamen ins Büro, an einem Samstag. Und es fiel uns nicht gleich auf. Wir waren etwas schläfrig, es war noch früh, kaum acht Uhr und eigentlich sah alles normal aus, die Tische, die Stühle, das Büro, zwar sehr aufgeräumt, aber normal. Janosch schien etwas zu suchen, ging von einem Tisch zum nächsten. Irgendwann sagte er: »Mein Laptop ist weg!«

»Er wird schon irgendwo sein!«, sagte Daniel.

»Aber wo? Ich habe schon alles abgesucht«, erwiderte Janosch, »gestern war er noch auf meinem Schreibtisch.«

Janosch suchte weiter. Irgendwo würde der Laptop ja sein.

Olli kam hinzu, auch ihm schien es nicht gleich aufzufallen. Die Räume waren uns noch nicht so vertraut.

Wir waren erst drei Wochen in der Stadt, hatten für uns und die 30 Mitarbeitenden bei WeWork in der Stresemannstraße übergangsweise dieses Büro gemietet. Alles war noch neu und ungewohnt. Vor allem auch, dass WeWork immer für alle Mieter eine »Thank God It's Friday«-Party feierte, jeden Freitag ab 16 Uhr. Also mitten in unserer Arbeitszeit. Wir waren nicht nach Berlin gekommen, um freitags um 16 Uhr zu feiern. Wir wollten etwas erreichen.

Aber der Co-Working-Space war nur Übergang. Unser neuer Firmensitz in Kreuzberg wurde noch umgebaut, war erst im März bezugsfertig, solange wollten wir hier, im Coworking-Space in der Nähe vom Potsdamer Platz arbeiten.

Doch gerade das mit dem Arbeiten erwies sich an jenem Samstag im Januar 2018 als dickes Problem. Denn es war nun klar: Unsere Arbeitsgeräte waren weg! Alle! Gähnende Leere, so weit das Auge reicht. Alle Laptops, alle Telefone, alle Testhandys – weg. Unser Büro hardwaremäßig komplett leer geräumt. Mit einem Schlag waren wir hellwach, realisierten den Verlust. Wir blickten auf ein paar trostlos vor sich hinbaumelnde Kabel, auf leer gefegte Schreibtische und wussten: Ja, wir sind ausgeraubt worden. Das ist Diebstahl. Offenbar hatte sich Berlin zur Begrüßung etwas ganz Besonderes ausgedacht. Und wir schauten dumm aus der Wäsche. Die Polizei kam, sie untersuchte den Schaden. Es wurden Fingerabdrücke von Möbeln genommen, es war wie im Film.

Obwohl WeWork im Empfangsbereich bewacht war und man nicht ohne Karte in das Gebäude kam, konnten die Diebe in unser Büro eindringen. Offenbar hatten wir die Tür zum Büro nicht richtig abgeschlossen. Es schien trotzdem ein Rätsel, wie es den Dieben gelang, ein ehemaliges Karlsruher Start-up um die komplette Hardware zu erleichtern. Der Schaden lag bei mehreren 10 000 Euro.

Willkommen in der Hauptstadt! Welcome to Berlin!

Mit *Dutzenden Handys* an der *Kasse*

Zum Glück hielt sich der unternehmerische Schaden in Grenzen. Die Daten unseres Spiels, auch alle Firmendaten, waren in der Cloud gesichert und die Geräte verschlüsselt. Keine Idee wurde geklaut, kein geistiges Eigentum wanderte durch die Tür. Das war beruhigend. Doch es war Samstag, und am Montag sollte unser Team wieder seinen

Job machen können. Deshalb mussten wir neue Geräte kaufen. Sofort. Also zogen wir los, gingen in den nächsten MediaMarkt, kauften einen Stapel Macbooks und rund 70 Testhandys.

Ja, das sieht schräg aus, wenn man mit Dutzenden von Handys an der Kasse steht, als ob man Handys hamstern wollte – aber woher sollten wir sonst die Geräte nehmen, um am Montag wieder starten zu können? So schleppten wir einen Berg Elektrogeräte in das gerade erst ausgeraubte Büro. Klar, die Eroberung der Hauptstadt stellt man sich in der Fantasie etwas anders vor, glorreicher, güldener. Unsere Ouvertüre war dagegen nüchtern: Wir kamen frisch aus Karlsruhe, hatten uns in Berlin erst mal ausrauben lassen und dann den MediaMarkt leer gekauft.

Und um die Pointe nicht zu vergessen: Im neuen Büro im Postbank-Tower, in den wir Anfang Februar 2018 zogen, wurden wir gleich wieder ausgeraubt, diesmal wurde die Tür aufgebrochen. Als ob uns die Kollegen vom Berliner Diebstahlgewerbe freundlich signalisieren wollten: Wohin ihr auch geht, wir sind schon da.

Leere Panzerschränke

Eine zweite »Hürde« hatte auch mit Einrichtungsgegenständen zu tun. In unseren neuen Räumlichkeiten standen nämlich Tresore, große schwere Tresore. Die bisherigen Nutzer von der Postbank hatten den Inhalt mitgenommen, auch die Schlüssel, uns blieben nur die leeren Panzerschränke. Die ließen sich nicht bewegen, selbst in den Lastenaufzug passten sie nicht. Sie standen herum wie die Steinköpfe auf den Osterinseln und nahmen Platz weg. Gut, wir wurden kurz nach dem Einzug in den Postbank-Tower noch mal ausgeraubt, standen noch mal vor abgeräumten Tischen. Aber das verbuchten wir inzwischen als die übliche Berliner Willkommensfolklore ab – und investierten sofort in eine hochwertige Sicherheits- und Überwachungsanlage.

Berlin konnte uns nun nichts mehr. Obwohl wir in den Restaurants nicht mit Handschlag begrüßt wurden, entwickelte sich das Leben in der Hauptstadt exakt so, wie wir das erwartet hatten. Janosch und Daniel wohnten in einem Long-term-Airbnb in den alten DDR-Plattenbauten an der Hannah-Arendt-Straße, hatten auch nach drei Monaten die Kisten nicht ausgepackt und auch die Küche nicht benutzt.

Stattdessen kochte das Unternehmen. Wir entfachten noch mehr Euphorie, jeden Tag stellten wir neue Leute ein. Und alles, was wir gemacht haben, funktionierte. Bald waren wir 80 Mitarbeitende. Und während wir zu Beginn der Zeit im Postbank-Tower einen Teil des Raums mit Vorhängen abgehängt hatten, war irgendwann die Zeit der Vorhänge vorbei. Wir waren ein größeres Unternehmen geworden. Aus der Idee von fünf Jungs war ein stabiles Unternehmen geworden. Doch wir waren nur noch zu dritt.

Das zehnte Level ist das Willkommen-in-Berlin-Level. Wir schauen kurz in mögliche Abgründe. Zweimal ausgeraubt, zwei Gründer verlassen das Schiff. Doch es lässt sich nicht mehr anhalten. Wir sind mit Vollspeed unterwegs. Hindernisse werden aus dem Weg geräumt. Keine Angst vor hohen Wellen. Allmachtsfantasien beflügeln uns. Level 11 in Sicht. Sebastian und Tim steigen aus. Wir sind nur noch zu dritt. Die Romantik des Anfangs ist nun endgültig verflogen. Was jetzt zählt: Realität, Komplexität, Originalität. Oder: nicht träumen, anpacken, machen. Repeat!

<11>

DA WAREN'S NUR NOCH DREI

oder
das Wir-gegen-den-
Rest-der-Welt-
Level

*D*ie Idee ist ziemlich einfach: Man verbindet zwei Reifen mit mannshohem Durchmesser mit Querstreben, dadurch entsteht ein Doppelrad. An den Querstreben befestigt man Lederschlaufen, in denen sich die Turner mit den Füßen festklemmen können – fertig ist das Rhönrad. Und es gab Zeiten, als Rhönradfahren sehr beliebt war.

So ein richtiger Massensport wurde Rhönradfahren jedoch nie, es war nie olympisch. In den 1980ern wurde es wieder etwas populärer, auch international. Inzwischen gibt es neben nationalen Meisterschaften auch Weltmeisterschaften. Und deutsche Rhönradfahrer gehören mit zu den Besten in diesem Sport. Zum Beispiel Tim.

Tim war Rhönradfahrer. Er übte diesen Sport von früher Jugend an aus, wurde sogar deutscher Jugendmeister. Tim ist jemand, der sich intensiv mit einer Sache beschäftigen kann, der immer das Ziel hat, der Beste in einer Sache zu werden. Das Rhönrad ist nur ein Element, das zeigt, welchen Willen und welche Leistungsbereitschaft er hat. Von daher war er auch der beste Partner, den wir uns in der Anfangsphase von Fluffy Fairy Games hatten vorstellen können. Vor allem war Tim von uns allen der Einzige, der etwas von Games-Entwicklung verstand.

»Geil, ich bin *mit dabei!*«

Gestartet waren wir 2016 mit fünf Gründern, fünf Co-Foundern. Neben uns dreien waren das, wie bereits erwähnt, noch Sebastian Karasek und eben Tim Reiter. Zu fünft hatten wir das Unternehmen aus der Taufe gehoben, zu fünft waren wir in Tims Audi zur Gamescom gefahren, zu fünft hatten wir die ersten Schritte im Karlsruher Hausmeisteridyll gemeistert. Tim hatten wir bei »Uberachiever« kennengelernt, einer unserer ersten Gründungen neben Tibuga. Als er hörte, dass wir ein Spiel machen wollten, sagte er: »Hey geil, Jungs, da bin ich mit dabei!« Viele Studierende hatten parallel ein paar Projekte laufen, Entwicklungen, Unternehmen, Beratungsjobs. Tim gehört auf jeden Fall zu jenen, die sich schnell begeistern lassen, die etwas ausprobieren wollen, sich nicht von Bedenken, sondern von der Lust am Gestalten leiten lassen.

Tim studierte Informatik am KIT, kam ursprünglich aus Stuttgart und war so etwas wie ein absoluter Gaming-Experte, zumindest für uns. Wir spielten zwar intensiv, hatten jedoch keine Ahnung, wie man ein Spiel baut. Tim aber hatte in den USA an einem Microsoft-Wettbewerb teilgenommen, er kannte sich aus mit Animationen und wusste ungefähr, wie die Oberfläche eines Spiels programmiert wird. Ein idealer Partner. Tim war Generalist, hatte von vielen Dingen eine Ahnung und brachte uns immer auf Sachen, an die wir nicht gedacht hatten: »Die Buttons sind gut, aber die müssen auch irgendwie klingen, da muss Ton rein.« Das wäre uns anderen damals nicht aufgefallen, dass ein gutes Spiel immer auch einen Sound braucht. »Daran haben wir jetzt gar nicht gedacht«, sagte Janosch. Das hätten wir wissen können, als passionierte Dauerzocker.

Manchmal sieht man den Wald vor lauter Bäumen nicht. Und da war es oft Tim, der uns die Augen öffnete.

Und er öffnete die Autotür seines Audis.

Sein alter A4 war in der Anfangszeit 2016 der Dienstwagen von Fluffy Fairy Games. Wenn sich bei uns in der WG wieder der Müll bis unter die Decke stapelte, wegen Pizzakartons, wegen Fertiggerichtverpackungen, wegen dem üblichen Mittzwanziger-Gamer-Start-up-Müll, dann holte Tim, der drei Straßen weiter in einem riesigen Studentenwohnheim wohnte, seinen A4, wir packten alles rein und schauten, wie wir es bei ihm im Studentenwohnheim »entsorgen« konnten.

Was bei *Buttons* wichtig ist

Tim war also unser Gaming-Experte. Seine Ideen und Anregungen waren meist wichtig, eben was die Töne, was die Gestaltung des Minenarbeiters anging. Er sah, wenn die Abläufe zu heftig »geruckelt« haben oder, was bei Buttons wichtig ist, wie groß und sichtbar sie sein müssen, wie sie sich verhalten, was sie auslösen sollen oder nicht. Er war nicht derjenige, der bis ins Detail programmiert hat, aber er war derjenige, der wusste, worauf es ankam. Von ihm kam letztlich auch der Anstoß, ein neues Spiel, den »Idle Factory Tycoon«, zu entwickeln. Das war dann schon in Berlin. Tim war mit in die Hauptstadt gekommen, hat die erste Zeit dort miterlebt, vor allem auch, wie es bei uns abging, wie wir richtig durchstarteten, wie wir größer und größer wurden, wie wir immer mehr ein komplettes Games-Unternehmen wurden – mit allen Herausforderungen: Arbeitsorganisation, Optimierung von Prozessen,

Leadership, Mitarbeiterführung, Wettbewerbsdruck und so weiter.

Im Gegensatz zu uns hatte Tim zu diesem Zeitpunkt aber auch andere Prioritäten und Interessen im Leben. Er wollte nicht nur arbeiten, sondern sich stärker seiner Leidenschaft Musik widmen, eine Familie gründen. Da er wusste, dass wir ihm ein Angebot unterbreiten können, das gut genug ist, nie wieder arbeiten zu müssen, hat er das Gespräch mit uns gesucht und wir haben eine sehr gute Lösung gefunden.

Sebastian hat die *Seele des Spiels* mitgeprägt

Sebastian Karasek, der fünfte Mann, war ebenfalls mit nach Berlin gewechselt, stieg dann aber im Februar 2018 aus. Sebastian gehörte von Beginn an zum Herzstück unseres Unternehmens. Er hatte das Spiel mitentwickelt, hatte an uns geglaubt, auch irgendwann auf dem Feldbett in unserem WG-Zimmer gewohnt, um dabei und mittendrin zu sein. Das führte öfters dazu, dass er auf dem Flur saß und weiterprogrammierte, während im Bad jemand duschte. Später fand er eine kleine Wohnung direkt bei uns im Haus.

Sebastian war weithin sichtbar ein ITler. Wenn Netflix irgendwann eine Serie über einen IT-Experten drehen wird, über einen Typ, der sich aus einem Kellerzimmer in das Netzwerk der CIA hackt, dann würde diese Rolle vermutlich so aussehen wie Sebastian. Im Grunde sah er aus wie Edward Snowden mit langen Haaren, und Edward Snowden würde mit langen Haaren aussehen wie

Sebastian. Sebastian kommt wie wir auch aus Heidenheim, wir kannten ihn von früher und er war schon immer ein krasses technisches Talent. Bei Fluffy Fairy Games hatte er geholfen, entscheidende Tools für unser Spiel zu entwickeln, die Abläufe im Spiel zu automatisieren, die Dinge bis ins Detail zu verfeinern. Was ihn auszeichnete, er kann elegant und durchdacht Codes entwickeln. Und wenn es Serverprobleme gab, und es gab genug Serverprobleme bei uns, dann war es Sebastian, der alles wieder zum Laufen brachte. Er hatte immer eine Idee, immer einen Lösungsweg. Aber als die Idee mit Berlin aufkam, als wir planten, größer und internationaler zu werden, da war Sebastian zwar zunächst angetan, ging mit uns auch in die Hauptstadt. Doch es passte nicht zusammen, er wollte neue Wege gehen. Auch ihn bezahlten wir aus. Er lebt übrigens immer noch in Berlin.

Und so blieben wir drei übrig.

Das ist nicht ungewöhnlich, in vielen Start-ups springen immer wieder Gründer ab, hören Leute auf, das ist Evolution. Denn je größer das Unternehmen, desto größer die Herausforderungen für die Arbeitsorganisation – desto mehr schwindet die Romantik aus den Anfangstagen.

Am Anfang haben wir immer alles zu fünft diskutiert. Es gab nie Abstimmungen, wir haben einfach so lange diskutiert, bis wir gemeinsam zu einer Lösung gekommen waren, mit der wir alle leben konnten.

Kapazitätsgrenzen *erreicht*

Es gab in der Anfangszeit wirklich so ein Denken von wegen: Wir fünf gegen den Rest der Welt! Wenn wir das Gefühl hatten, dass sich alles gegen uns verschworen hatte, dann gab es noch die vier anderen, auf die man sich verlassen konnte. Wir hatten viel Zeit, eigentlich die ganze Zeit miteinander verbracht. Unsere Rollenverteilung war banal: Jeder machte irgendwie alles oder eben das, was er gut konnte. Doch in Berlin, als wir die 100-Mitarbeiter-Grenze ansteuerten, änderte sich unsere Arbeitsorganisation gewaltig. Wir hatten unsere Kapazitätsgrenzen erreicht – und waren dankbar, dass es gute Ratgeber im Umfeld gab.

Doch es gab noch einen, der uns beistand: Gunnar. Gunnar Lott ist einer der wichtigsten Gaming-Experten in Deutschland. Er hatte das Branchenmagazin »GameStar« geprägt, war dort lange Chefredakteur, ist immer noch ein gefragter Redner auf Kongressen und Spielemessen – und gilt für viele als der Mann, der das Thema Gaming in Deutschland groß gemacht hat. Wir hatten das Glück, ihn früh als Ratgeber und Mentor zu gewinnen – er würde bestimmt sagen, er musste unserem Drängen irgendwann nachgeben.

Doch lassen wir Gunnar kurz selbst sprechen und sich vorstellen.

GUNNAR SPRICHT

Anfang des Jahrtausends habe ich intensiv begonnen, mich um die Spielbranche zu kümmern, vor allem publizistisch, später auch als Berater, ich habe PR gemacht. Nach Karlsruhe bin ich gekommen, weil die Stadt eine IT-Hochburg ist. Tatsächlich gibt es hier mehr als 4000 IT-Unternehmen, die bekannteste Firma ist sicher 1&1. Dass sich so viele Technologiefirmen ansiedeln, liegt einerseits an der Nähe zur Uni, zum KIT, das liegt aber auch an der gezielten Förderung seitens der Stadt. Nicht zuletzt waren die KIT-Absolventen bei Arbeitgebern hoch angesehen, vielleicht gab es an anderen Universitäten bessere Absolventen, aber die Unternehmen nahmen und nehmen gerne KIT-Leute, sie scheinen besser vorbereitet für den Anspruch von Firmen. Meist sind es Firmen aus dem B2B-Bereich. Und da herrscht eine Atmosphäre, die weniger vom Idealismus geprägt ist als vom Drang, Geld zu verdienen. Für mich galt das immer auch für die Gaming-Branche. Es gab viele Künstler in dem Bereich, vor allem in Deutschland. Man bemühte sich vordergründig um die schöne Grafik, oft weniger um gute Spiellogiken oder überzeugende Geschichten. Es schien manchmal so, als wollten deutsche Gaming-Firmen international gar nicht vorne mitspielen – und dann tauchten wie aus dem Nichts diese fünf Jungs in Karlsruhe auf.

Sie waren anders, so etwas hatte ich bis dahin noch nicht erlebt, niemand war so wie die. Sie hatten zwar mit

ihrem ersten Spiel komplett danebengelegen und es sprach
nicht so viel dafür, dass sie jetzt durchstarten würden. Im
Cyberforum, das als öffentlicher Inkubator Start-ups förderte, war man etwas ratlos, eigentlich wollte man dort eher
B2B-, Technologie-Start-ups fördern – aber eine Gaming-
Firma? Sie fragten mich, ob ich mich um die fünf Jungs
kümmern könnte, sozusagen als Mentor. Was mich überzeugte, war ihre Idee, ein deutsches Idle-Game zu machen,
das gab den entscheidenden Impuls. Und dann traf ich sie.
Ja, sie waren anders. Sie waren maximal fokussiert, vor
allem aber hatten sie vor nichts Angst, sie schienen absolut furchtlos. Und sie hatten einen kommerziellen Blick
auf Gaming, sie wollten erfolgreich sein, keine Schönheits-
wettbewerbe gewinnen. Sie haben von Anfang an groß
gedacht, sie wollten Erfolg, sie wollten ein großes Unternehmen aufbauen. Obwohl sie noch in der WG saßen und
mit einem Hunde-Katzen-Spiel gescheitert waren. Das
nötigte mir Respekt ab.

»Viel *Drive* und *Willen*«

Und noch etwas war anders: die starke und überzeugende
Gruppendynamik. Sie haben sich nie überstimmt, immer
lange diskutiert, bis sie zu einer Entscheidung gelangt
sind. Vor allem aber waren sie lernbereit oder eher lern-
begierig. Sie wollten von mir alles wissen, haben mich ständig nach meiner Meinung gefragt, manchmal zehn Mal am
Tag. Ich wurde immer mehr zu einem Sparringspartner,
immer wurde die gunnarspezifische Meinung abgefragt.

»Was würdest du machen?« »Wie ist das zu bewerten?« »Haben wir einen Fehler gemacht?« Alles wurde geduldig abgearbeitet, Frage für Frage.

Ich wiederum stellte sie auch Leuten aus der Branche vor, machte den Türöffner bei Unternehmen und Experten. Wenn ich sie bei Branchenkollegen einführte, sagte ich: »Da kommen ein paar zupackende Gründer, ausgestattet mit viel Drive und Willen, sprecht mal mit denen.« Dazu muss man wissen, dass die Games-Branche wirklich transparent ist. In der Regel sind die Menschen dort sehr offen, man spricht viel miteinander, gibt auch mal ein »Geheimnis« preis. Es herrscht nicht ein permanenter Konkurrenzkampf oder gar Abschottung. Ihre Produkte, also die Spiele, sind auch oft sehr unterschiedlich. Es ist keineswegs so, dass alle ähnliche Mittelklasseautos bauen.

Gespräche mit dem *Topmanagement*

Um noch mehr Leute zu treffen, um noch mehr über die Branche zu erfahren, wendeten sie einen Trick an. Sie schrieben eine Mail an den CEO einer großen Firma. Irgendwie hatten sie seine Adresse herausbekommen, schrieben ihn oder sie direkt an und baten um einen Gesprächstermin. Jetzt kann ein CEO einer Firma so eine Anfrage immer schlecht delegieren. Eine Standardmail mit freundlicher Absage würde überdies nicht der Kultur der Games-Branche entsprechen. Man ist ja offen, herzlich, transparent. Also delegiert er die Anfrage an diejenigen, die ihm in der Hierarchie am nächsten stehen, meist die

Vice Presidents. Sie trafen sich dann mit den fünf Jungs der Fluffy Fairy Games. Und es war mutig von den fünf: Ihre eigenen Erfolge waren noch recht überschaubar, aber sie hatten regelmäßig Gespräche mit dem Topmanagement. Ein sehr intelligenter Weg, in einem frühen Stadium an Informationen und Einschätzungen zu kommen. Die meisten Mails habe ich mitformuliert, ich machte inzwischen Micro-Consulting, wurde in gewisser Weise Teil des Unternehmens, blieb Mentor und Korrektiv bei vielen Entscheidungen. Ich habe erlebt, wie sie aufgestiegen sind, wie aus »Fluffy Fairy Games« schließlich »Kolibri Games« wurde. Ich habe erlebt, wie eigentlich nie jemand in ihnen den Erfolg gesehen hat und wie ihnen onkelhaft gesagt wurde: »Ihr seid noch so jung, da müsst ihr noch viel lernen!« Das hat sie alles nicht beeindruckt. Die hatten ihren eigenen Kompass, wussten immer, dass sie »keinen Quatsch« machen werden, und haben dann nicht nur ein beeindruckendes Gaming-Unternehmen aufgebaut, sondern auch einen erstaunlichen Exit hingelegt.

Das elfte Level ist das Zwei-Gründer-weniger-Level. Aus fünf werden drei Musketiere. Wachstum und Business sind einfach zu stark. Nicht jeder will da mitziehen. Volles Verständnis. Geld regelt zwar am Ende den Ausstieg. Doch die Selbstverständlichkeit des Miteinanders geht auch von Bord. Es tut weh für den Moment. Aber der Kolibri-Express ist bereits mit Höchstgeschwindigkeit unterwegs. Wir können nicht mehr umkehren.

Level 12 in Sicht. Wer stark wächst, bekommt Probleme. Aus der Freundesclique wird ein toughes Unternehmen. Doch es menschelt allerorten. Führung kostet viel Zeit und Energie.

<12>

MEHR LEISTEN, NICHT UNBEDINGT MEHR ARBEITEN

oder
das Smart-Work-Level

<149>

in schlimmer Vorwurf stand im Raum. Sexuelle Belästigung. Ein Mitarbeiter soll eine Kollegin sexuell belästigt haben.

Was machst du? Wir waren ein junges Start-up, ein dynamisch wachsendes Unternehmen mit einer wertschätzenden Unternehmenskultur. Wir als Gründer bemühten uns, so wenig »von oben herab« wie möglich zu wirken, mit jedem zu sprechen, jeden ernst zu nehmen – und plötzlich so eine Sache. Darauf bereitet dich keiner vor, das sagt dir keiner. Als Gründer hast du die Produktzahlen im Blick, die Downloads, die regelmäßigen Updates, willst immer nach vorne kommen. Aber wenn plötzlich diese andere Realität in deinem Büro sichtbar wird, muss etwas geschehen. Zumal sich der Vorwurf erhärtete. Der Beschuldigte redete sich nicht heraus, räumte auch sein Fehlverhalten ein, entschuldigte sich. Wir waren in einer schwierigen Lage, jedoch unsere Entscheidung stand fest. Die Tätigkeit des Mitarbeiters war wichtig für unsere Firma. Auf der anderen Seite mussten wir auf unsere Mitarbeitenden achten, und deshalb handelten wir konsequent. Der Mitarbeiter sagte: »Gebt mir bitte eine zweite Chance, ich weiß, ich habe einen Fehler gemacht.« Das war selbstverständlich keine Option.

Wir haben dann sehr schnell gehandelt. Wir haben ihn mehr oder weniger sofort entlassen. Er musste seine Sachen packen, wir ließen seine Zugänge sperren und ihn hinausbegleiten. Das war ein Moment, in dem wir wussten: Es muss schnell gehen. Das war eine einfache Entscheidung, obwohl er ein wichtiger Mitarbeiter für uns war und es lange gedauert hatte, ihn adäquat zu ersetzen. Wir rückten aber keinen Zentimeter ab, blieben standhaft. Und die Entscheidung hat sich rückblickend als absolut richtig erwiesen.

In *hohem Tempo* Führen *gelernt*

Das war eine Prüfung in praktischem Führen, die wir eher instinktiv bestanden hatten. Da gab es keine Schulungen. Ja, wir hatten immer viel gelesen, uns viel ausgetauscht mit anderen Führungskräften. Aber ein Buch macht noch keine gute Führungskraft. Gut wirst du im Machen. Und wenn es dir gelingt, eine gute und richtige Entscheidung durchzusetzen. Mit jeder richtigen Entscheidung wirst du sicherer. Und je sicherer du wirst, desto überzeugender bist du als Führungskraft. In jedem Fall trug es zu unserer Professionalisierung bei. Wir wurden professioneller durch Learning by Doing – und das in einem hohen Tempo.

Denn unser Unternehmen wuchs rasant, der Erfolg stellte sich ein, und unsere Arbeitsorganisation wandelte sich gleichermaßen rasant. Wir waren 2016 als Studentenprojekt gestartet, hatten eigentlich keine Hierarchien, hatten alles gemeinsam gelöst. Und vor allem waren auch alle für alles zuständig, das ist eine enorme Umstellung, in der reihenweise Fehler passierten – aber eben auch extrem viel gelernt wurde. Eigentlich kann man die Entwicklung der Arbeitsorganisation in unserem Unternehmen und das Erlernen von Führung in drei Phasen aufteilen.

Erste Phase

Das Unternehmen hat fünf bis 30 Mitarbeitende. Alle sind mehr oder weniger gleichberechtigt, kümmern sich gemeinsam um das Spiel, um Entwicklung und Vermarktung. Jeder macht alles, kann alles, es herrscht viel Austausch. Und es gibt weder Chefzimmer noch klar abgetrennte Abteilungen. Wenn es bei uns ein Problem gab, haben wir es direkt angesprochen. Wir standen mehr oder weniger immer im Austausch mit allen.

Zweite Phase

Der Sprung auf 60 Mitarbeitende war sicher der schwierigste. Wie überträgt man ein von Freundschaft und Kollegialität geprägtes Arbeiten eines ehemaligen WG-Start-ups auf ein großes Team? Unsere erste Erkenntnis: Es können nicht mehr alle ein Team bilden – und trotzdem sollte man den Teamgedanken weiterhin mit Leben füllen. Die Frage ist: Wie hält man die Balance, dass alle Spaß haben und man auch gemeinsam feiern kann? Und wie akzeptiert man, dass nicht alle mit der großen Vision vom weltumspannenden Gaming-Konzern zur Arbeit kommen, sondern dass es genug Leute gibt, die einfach ihren Job machen, auf ihr Gehalt warten, abends pünktlich nach Hause gehen und regelmäßig Urlaub machen wollen? Zweite Erkenntnis: Wir können nicht alle für unsere Visionen begeistern. Und wenn mal 60 Leute morgens ins Büro kommen, wirkt das nicht mehr wie ein WG-Start-up. Dann kommen die Leute auch nicht mehr unbedingt zu dir, wenn sie ein Problem haben. Dann musst du ziemlich aufpassen, dass keine Ungleichheit entsteht, weil die eine mehr arbeitet oder glaubt mehr zu tun oder sich ein anderer ausgebootet fühlt. Du läufst Gefahr, den Überblick zu verlieren. Was uns immer half: Das Produkt lief ausgezeichnet! Wir hatten Erfolg – auch wenn es Spannungen gab. Aber der Erfolg war insofern wichtig für uns, weil er unser Selbstbewusstsein steigerte. Und selbstbewusste Chefs treffen selbstbewusste Entscheidungen.

Dritte Phase

Die Schwelle ist, wenn dein Team aus mehr als 100 Leuten besteht, spätestens dann musst du es professionalisieren. Wir hatten hierfür ein klar definiertes Führungsteam, ein mittleres Management und Teamleader. Ja, wir haben uns dennoch immer um Nähe bemüht. Haben mit jedem einzelnen Mitarbeiter mindestens einmal im Jahr Mitarbeitergespräche geführt. Und wir gaben uns auch sonst nahbar. Keine eigenen Büros, wir saßen im Raum mit allen anderen. Für Meetings und Gespräche gingen wir in Exträume. Weil wir keine Silobildung wollten, weil wir nicht die einzelnen Fachbereiche separieren wollten, organisierten wir Teams mit je zehn bis 15 Leuten. Und in jedem Team arbeiteten Leute aus allen Disziplinen. Das waren unsere Delivery-Teams. Und das disziplinübergreifende Arbeiten in diesen Teams war insofern klug, als dass jeder im Unternehmen immer wusste, was den jeweils anderen Fachbereichen wichtig war. Entscheidend war jedoch, dass wir unsere Teams jeweils gut zusammenstellten – und darauf achteten, die richtigen Leute einzustellen.

Wie erkennt man einen passenden Mitarbeitenden?

Wir haben uns immer bemüht, nicht nur keine Arschlöcher zu sein, sondern auch keine Arschlöcher einzustellen. Wer ein Arschloch ist, erkennt man nicht immer gleich. Aber für uns haben sich irgendwann klare Kriterien abgezeichnet, unter anderem war ein Kriterium: wenn jemand dazu neigt, die Schuld auf andere zu schieben. Das war und ist für uns nicht okay. Das haben wir nie gemacht und das wollten wir nicht im Team sehen. »Nein, da kann ich nichts dafür, das hat der XY verbockt! Der hat nicht rechtzeitig geliefert!« An diesen Sätzen sollt ihr sie erkennen. Da sind wir immer dazwischen. Wenn du das zulässt, wenn du Schuldzuweisungen tolerierst, wirst du das Team verlieren. Weil dann viele beginnen, die Schuld woanders zu suchen. Auch Führungskräfte sollten ihre Zeit und Kraft nicht damit verwenden, immer nach Verursachern und Schuldigen von Problemen zu suchen, und dann, wenn der Schuldige gefunden ist, alles bis ins letzte Detail zu analysieren. Nein, ein Fehler ist gemacht. Gut ist. Beim nächsten Mal wird er nicht mehr gemacht, fertig!

Um zu vermeiden, dass bei uns Schuldzuweiser anfangen, mussten wir bei Bewerbungen auf der Hut sein. Vor allem, weil es Zeiten gab, in denen wir sehr schnell hintereinander sehr viele neue Leute einstellten. Aber wir haben schnell ein Gespür dafür entwickelt, wie eine Bewerberin oder ein Bewerber drauf ist, ob er oder sie zu uns passt. Wir haben bald gelernt, auf Kleinigkeiten zu achten. Wie Bewerber reagierten, wenn man ihnen Kaffee anbot, wie sie denjenigen oder diejenige behandelten, die ihnen den Kaffee brachte, ob sie sich bedankten. Oder auch, wie sie über ihren vorherigen Arbeitgeber sprachen. Ganz wichtig! Wenn sie sich abfällig über ihr bisheriges Unternehmen äußerten, konnte man fast sicher sagen: passt nicht! Es hätte das wertschätzende Klima gesprengt.

Mitarbeitende sollen die *Chance* haben, bestmöglich *zu performen*

Wir hatten Hierarchien. Am Anfang, als wir nur zehn oder zwölf Leute waren, hatten wir relativ unklare Hierarchien, das hielt sich noch lange bei Fluffy Fairy Games. Es zeigte sich aber im Laufe der Zeit, dass die Mitarbeitenden Kontaktpersonen brauchten, zum Beispiel, um Urlaubstage abzusprechen. Dann haben wir – da waren wir schon als Kolibri Games am Markt – angefangen, Führungsebenen und Führungslinien klarer zu machen. Bei Kolibri gab es einen C-Level, einen Director-Level und einen Teamlead für die größeren Teams. Alle weiteren Mitarbeitenden wurden Individual Contributors genannt. Unserer Vorstellung nach sollte eine Person nie mehr als sieben oder acht Direct Reports haben, sonst konnte sich die Führungskraft nicht mehr genug um alle Teammitglieder kümmern.

Die Teams waren wie folgt organisiert: Jedes Team hatte Goals, und diese Ziele waren für den Rest der Gruppe sichtbar. Am Anfang der Woche formulierte jedes Team eine Commitment-Mail, was man in dieser Woche vorhat, welche Ziele das jeweilige Team verfolgt. In den ersten beiden Jahren dachten wir von Tag zu Tag, später dann von Woche zu Woche, noch später planten wir in Quartalen. Prinzipiell aber wurde wöchentlich geplant.

Selbstbestimmt und *agil* arbeiten

Führen bedeutet für uns, dass man es den Mitarbeitenden ermöglicht, ihre bestmögliche Performance zu erbringen. Klar. Und es liegt in der Verantwortung jeder Führungskraft, dafür zu sorgen, dass die Mitarbeitenden glücklich und gleichzeitig erfolgreich sind. Die Mitarbeitenden bei uns hatten in unserem recht reglementierten Umfeld genug Raum, um selbstbestimmt und agil arbeiten zu können. Das lag vor allem daran, dass jede Mitarbeiterin und jeder Mitarbeiter für die eigene Arbeit und das ganze Vorankommen des Produktes Verantwortung übernommen hatten. Das hatten wir früh festlegt, das funktionierte.

Diplomatisch bleiben

Das ist auch so ein Job, auf den dich keiner vorbereitet. Wir hatten, das war noch in Karlsruhe, einen neuen Entwickler eingestellt. Sein einziges Problem: Er schien sich seltener zu waschen. Wir waren Ende 20, das Durchschnittsalter bei uns im Team lag auch später nur bei 28 Jahren, bei Körpergeruch waren wir eigentlich recht tolerant. Wir hatten die Firma in einer WG hochgezogen, hatten im Badezimmer auf dem Feldbett geschlafen, während im Hintergrund die Kohlsuppe brodelte – eine aseptische Umgebung war wirklich nicht erklärtes Firmenziel. Doch der Kollege roch. Nach ein paar Stunden fiel es den meisten im Team auf. Erste Reaktion von uns: »Wir tun mal so, als ob wir es nicht gerochen hätten.« Zweite Reaktion: »Wir warten mal ab.« Dritte Reaktion: »Der riecht immer noch.« Als der erste Mitarbeiter zu uns kam und sagte, er könne so nicht arbeiten, weil der Geruch doch recht stark sei, mussten wir handeln. Janosch ging zu ihm und drückste herum: »Hör mal, es riecht etwas, also, du riechst, den anderen ist es auch aufgefallen, manche finden das echt störend, vielleicht kannst du dich mal wieder duschen, das wäre super!« Es gab einen irritierten Blick. Aber es klappte. Er duschte nun öfter. Ja, das sind echte Führungsaufgaben.

Quatsch lenkt vom *Wesentlichen* ab

Um einen pragmatischen Ansatz hatten wir uns im Grunde schon in Karlsruhe bemüht. Klar, von außen betrachtet, sah es vielleicht unkoordiniert, studentisch aus. Aber im Kern waren wir von Anfang an klar und bestimmt – und wir blieben klar und bestimmt, als wir ein großes Team wurden. Unsere Maßgabe war immer: Wir wollen keinen Quatsch machen, wir wollen keinen Quatsch haben. Das lenkt nur ab, das hält einen vom Wesentlichen ab. Und ja, das ist gefährlich.

Deshalb waren wir auch in den Jahren in Berlin immer bemüht, viel zu reden, viele Meinungen einzuholen, Probleme aus vielen Perspektiven zu betrachten. So, wie wir zwei Jahre zuvor in Karlsruhe begonnen hatten, zu fünft so lange zu diskutieren, bis wir zu einer Entscheidung gekommen waren. Wir hatten oft ewig lange Gespräche. Sicher, man hätte das abkürzen können. Bei fünf Gründern hätten wir abstimmen lassen können. Dann hätten wir schnell eine Entscheidung gehabt, das wäre viel effektiver gewesen – aber auch Kollegen, die überstimmt wurden. Nein, wir hatten uns immer vorgenommen, keine Entscheidung ohne Ausgleich zu treffen. Erst wenn alle überzeugt waren, war es eine gute Entscheidung. Da sind wir sehr lange Wege gegangen. Aber so hatten wir den Quatsch vermieden. Und Quatsch ist das Gegenteil von: sich treu bleiben, effektiv handeln, wertorientiert handeln – richtig handeln.

»*Rot* finde ich *besser!*«

Wenn es einen Satz gibt, der unser Führungsverhalten auf den Punkt bringt, dann: Wir wollen einfach nicht arrogant sein. Am Anfang nicht und später auch nicht. Wir wollen wertschätzend führen, wollen immer transparent sein. Wir erklärten immer, warum wir etwas machen, warum uns etwas wichtig ist. Damit wollten wir uns unterscheiden. Oft sind Entscheidungen auf Managementebene reine Geschmacksentscheidungen: »Das gefällt mir!« Oder: »Das gefällt mir nicht, Rot finde ich besser!« Und dann wird Rot genommen.

Dem Chef gefällt es so.

Was meist fehlt, sind Begründungen: Warum ist Rot besser? Welche Gründe gibt es? Gibt es Studien, Erkenntnisse, gibt es Community-Feedback, wonach sich Rot besser eignet? Was sagen die Nutzer?

Ein Grundsatz von uns lautet deshalb: So wenige Geschmacksentscheidungen wie möglich treffen. Wir suchen immer nach Argumenten, nach Gründen, nach Belegen, warum eine Entscheidung so zu treffen sein soll, wie sie uns vorschwebt.

Uns ging es darum, weniger zu bestimmen als zu überzeugen. Das klingt simpel, ist aber in vielen Fällen recht schwierig. Vor allem, wenn man ahnt, dass man richtig liegt, wenn man intuitiv spürt, dass Rot die richtige Entscheidung wäre. Und wenn man trotzdem noch mal die Extrameile gehen muss, um alle zu überzeugen, scheint es zeitaufwendiger – was es aber nicht ist. Klarheit auf allen Seiten beschleunigt die Prozesse. Wer ein klares Ziel vor Augen hat, kommt schneller an.

Agil, wendig, flexibel und *schnell*

Denn was wir tatsächlich immer verlangten, war Schnelligkeit. Immer. Schnelligkeit war unsere zentrale Kategorie, Tempo ein unglaublich wichtiger Baustein unseres Unternehmens. Wir waren agil, wendig, flexibel und schnell.

Wir hatten es immer geschafft, wöchentliche Updates des Spiels zu machen, was sonst fast keine Spielefirma geschafft hat. Jede Woche ein Update ist sehr, sehr ambitioniert. Doch für uns verpflichtend. Dabei zählte für uns Tempo immer mehr als Perfektion. Manche Updates waren nur zu 80 Prozent ausgereift, es hakte eventuell noch, die Grafik war noch nicht schick – aber es war Freitag und es gab ein Update. So waren es unsere Spieler gewohnt. Das war der Rhythmus in unserem Team. Um diesem hohen Anspruch gerecht zu werden, wurde vorab aussortiert. Wir hatten immer nur Sachen in das Spiel eingebaut, die wirklich notwendig waren. Das war radikal. Aber wir wollten immer, dass es schnell vorangeht.

Die Dinge sollten sich schnell ändern. Im Spiel. Im Unternehmen. In der Arbeitsorganisation.

Das entsprach unserem Selbstverständnis von Anfang an. »Idle Miner Tycoon« war zu WG-Zeiten weit davon entfernt, ein fertiges Produkt zu sein. Wir wollten so früh wie möglich an den Markt gehen, um herauszufinden, ob es die Welt da draußen überhaupt haben möchte. Oft werden Produkte monate- oder jahrelang im stillen Kämmerlein gebaut, dann wird noch das Unter-Unter-Menü optimiert, und am Ende möchte es niemand haben. Wir sind es anders angegangen. Nachdem wir so früh an den Markt gegangen sind, haben wir gemeinsam mit unseren Spielern entschieden, wie das Spiel weitergeht. Das war nur möglich, weil noch nicht alles in Stein gemeißelt war. Das Ergebnis hatte nichts mehr mit dem Produkt, das wir am Anfang in unseren Köpfen hatten, zu tun.

Nach nur acht Wochen Entwicklungszeit hatten wir 2016 das Spiel auf den Markt gebracht, es quietschte an allen Ecken, das Spiel war unausgereift und absolut nicht fertig. Aber es war da! Rasend schnell auf den Markt gebracht. Und von da an in wöchentlichen Sprints erweitert und verbessert. Immer wurden die User befragt, deren Feedback eingeholt, immer upgedatet, immer dieser Rhythmus beibehalten.

Schlauer arbeiten

Die enge Taktung bedeutete aber nicht, dass wir ständig Überstunden gemacht haben. Ganz im Gegenteil. Die meisten machten pünktlich Feierabend. Da waren wir anders als andere Start-ups. Man kennt das von Schilderungen anderer junger Unternehmen: das Tag-und-Nacht-Arbeiten, das tägliche Bis-an-die-Grenzen-Gehen, das organisierte Ausbeuten der Arbeitskräfte, besonders vor einem Update.

Ist das sinnvoll? Wollten wir das? Nein, das brennt die Leute aus.

Uns ging es immer darum, intelligent zu arbeiten, schlauer zu arbeiten – und immer im selben Takt. Für ein Start-up hatten wir eher straffe, zeitlich klar abgesteckte Arbeitstage:

8.45 – 9.00 Uhr: Ankommen.

9.00 – 11.45 Uhr: Arbeiten.

11.45 – 12.00 Uhr: Mittagessen bestellen.

12.45 – 13.30 Uhr: Mittagessen.
13.30 – 13.45 Uhr: Teambesprechung.
13.45 Uhr – 18 Uhr: Arbeiten.
18.00 Uhr: Feierabend.

Tag für Tag.

Mit diesem absolut identischen Arbeitsablauf, mit diesem kontinuierlichen Rhythmus konnten wir Überstunden vermeiden. Außerdem war der geregelte Tagesablauf perfekt für die Kommunikation im Team. Wenn die Mitarbeitenden zu unterschiedlichen Zeiten arbeiten, leidet die Kommunikation. Wenn alle denselben Tagesplan haben, können sie immer sicher sein, dass die Person, mit der sie sprechen wollen, auch erreichbar ist.

Absolute *Stille*

Radikal wie der Tagesablauf war auch ab 2018 die Zusammenarbeit in unserem Großraumbüro in Berlin-Kreuzberg. Ein Viertel unserer Bürofläche im Postbank-Tower war ein Start-up-unübliches Großraumbüro. Wir hatten keine loftartige Wohlfühloase. »Das langgezogene Office erinnert eher an eine Unibibliothek«, schrieb einmal eine Journalistin. Unsere Mitarbeiterinnen und Mitarbeiter saßen Seite an Seite in hintereinander gezogenen, langen Tischreihen.

Und es war still. Kein Wort. Es herrschte absolute Stille.

Wie schon anfangs in der WG wurde auch bei der Arbeit im Berliner Großraumbüro nicht geredet. Es ist zwar etwas anderes, wenn zehn Leute schweigend zusammensitzen und arbeiten, als wenn 80 oder 100 Menschen im Großraumbüro arbeiten und schweigen. Aber es ist sehr effektiv.

Wer sich unterhalten wollte oder musste, nutzte ein Chat-Tool – oder verabredete sich per Chat zum Gespräch im Aufenthaltsraum oder in unseren 15 kleinen Büroräumen, die sich ebenfalls auf der Etage befanden. Die Ruhe und die Konzentration beschleunigten ebenfalls die Prozesse. Es war schlichtweg kein Raum für Quatsch(en) vorhanden.

Ja, und es gab viele Leute, die in genau so einer Atmosphäre arbeiten wollten. In einer Atmosphäre, in der es konzentriert, in der es schnell vorangeht und Dinge sich schnell ändern. Leute, die auch unseren Tagesplan schätzten, die wirklich agil arbeiten wollten und nicht darüber sprechen. Das war unser Lean Approach. Und Lean bedeutete für uns, in erster Linie schnell und effizient zu sein.

500 Bewerbungen pro Woche!

Von Start-ups glaubt man zu wissen, sie hätten eher laxere Vorgaben, würden unstrukturiert arbeiten, würden vom Strand in Goa die Firma lenken, sich hauptsächlich von Chiasamen und Bowls ernähren und sich unterdessen auf ihre Inspiration und Kreativität verlassen. Und genau das würde zahllose Bewerberinnen und Bewerber anlocken, weil das »New Work« sei, weil sich das Arbeiten ja grundlegend gewandelt habe – und Unternehmen den Bewerbern, gerade den Generationen Y und Z und deren Bedürfnissen nach Selbstentfaltung, entgegenkommen müssten.

Was für ein Irrtum. Zumindest aus unserer Sicht. Es mag Erfolgsgeschichten geben, die auf 16-Stunden-Tagen beruhen, auf einem täglichen An-die-Grenzen-Gehen. Für uns war entscheidend, mit den Kräften unserer Mitarbeitenden zu haushalten. Auch darin sahen wir unsere Verantwortung. Wir hatten strikte Kommunikationsregeln, ein überdimensionales Großraumbüro, einen durchgetakteten Arbeitstag, wöchentliche Sprints, legten ein hohes Tempo vor – und bekamen dennoch bis zu 500 Bewerbungen pro Woche. Diese Bewerber wussten sehr genau, auf was sie sich einlassen. Wir haben es immer kommuniziert, unsere Arbeit haben wir immer transparent gemacht, in einschlägigen Medien und Foren davon berichtet. Wer zu uns kommen wollte, wusste: Es wird hart gearbeitet, aber die Bedingungen sind fair. Was wir mit unserem Unternehmen vorhatten, diente nicht in erster Linie der Selbstverwirklichung, sondern dem Erfolg und den Spielern.

Im Grunde klassisches Unternehmertum.

Seit Jahren predigen viele Experten und Berater, Unternehmen müssten mehr von Start-ups lernen, agil und flexibel sein – wir haben das von Anfang an eher umgedreht. Wir sehen nämlich, dass Start-ups durchaus von mittelständischen Unternehmen lernen können. Vom Arbeitsethos eines schwäbischen Schraubenherstellers kann sich ein Start-up in Berlin-Kreuzberg sehr wohl inspirieren lassen. Wir waren das beste Beispiel.

Andererseits handelten wir nie als allwissende Chefs, die einsam weise Entscheidungen treffen. Wir holten – ganz klassisch Start-up – eher die Meinung des Teams in vielen Fragen ein. Etwa bei der Besetzung neuer Posten.

Das *Team entschied* über neue *Mitarbeiter*

Von den 500 Bewerbungen pro Woche kamen in der Regel ein Drittel Bewerberinnen und Bewerber in die engere Auswahl. Mit ausgewählten Kandidaten führten wir Gespräche, warum sie ins Unternehmen wollten, was sie bisher gemacht hatten und wie sie uns weiterhelfen konnten. Außerdem mussten wir testen, wie gut sie tatsächlich Englisch konnten. Das war unsere Firmensprache, sie mussten sich flüssig verständigen können. Wir hatten ziemlich gute Bewerber, die wir nicht nehmen konnten, weil ihr Englisch zu schlecht war. Hatten die Bewerberinnen und Bewerber überzeugt, luden wir sie ein, zwei Tage bei uns mitzuarbeiten. Sie sollten bei diesen »Trial Days« sehen, auf was sie sich einlassen. Und vor allem sollte sich das ganze Team einen Eindruck von den potenziellen neuen Mitarbeitenden machen können.

Klare Ansage: Wenn eine Person aus dem Team sich gegen die Einstellung ausgesprochen hatte, wurde der Bewerber nicht eingestellt. Da waren wir klar. Wir wollten keine Gräben im Team haben. Am Anfang durften sogar alle Mitarbeiterinnen und Mitarbeiter entscheiden, wer neu eingestellt wird und wer nicht. Mit später rund 100 Mitarbeitenden war das allerdings nicht mehr möglich.

Wir konnten auch *20 Leute zusätzlich* einstellen

Die sogenannten »Trial Days« waren entscheidend. Wir sahen, wie sich die Bewerbenden integrierten, wie kooperativ sie waren, und sie erlebten unseren Stil, das schweigende Arbeiten, den akkuraten Tagesplan. Wenn es passte, stellten wir ein, jeder fünfte Bewerber wurde genommen. Ohnehin unterschied sich unser Recruiting von einer »normalen« Firma. Dort wird eine Stelle ausgeschrieben und genau diese Stelle soll besetzt werden. Bei uns war das anders. In den Jahren 2018 und 2019 konnten wir auch 20 Leute en bloc einstellen. Wir erlebten anhaltendes Wachstum, und wenn uns jemand überzeugte, wenn wir jemanden unbedingt haben wollten, und er oder sie wollte auch zu uns, dann stellten wir ihn oder sie ein. Zu den Trial Days luden wir Menschen aus aller Welt ein, wir ließen sie einfliegen, zwei Tage Berlin, zwei Tage im Unternehmen und hinterher entweder Teil des Teams oder nicht. Wir waren beliebt als Firma, wir zahlten gut, es gab so gut wie keine Überstunden. Und ein besonderer Benefit: Wir setzten immer jemandem die Krone auf.

Lasst mich *in Ruhe!*

Welchen Stellenwert die Geschwindigkeit bei uns einnahm, zeigte sich an einem ungewöhnlichen Tool: einer großen roten Krone. Die sah aus wie eine Queen-Elizabeth-Krone. Und wer die Krone trug, genoss besonderen Schutz im Team. Sie wurde nur zu besonderen Anlässen aufgesetzt. Denn hinter der Krone verbarg sich das Prinzip des Critical Path Thinkings. Die Krone lag die meiste Zeit auf einem Tisch. Aber wenn sie jemandem auf den Kopf gesetzt wurde, bedeutete das: Lasst ihn in Ruhe.

Die Krone war ein sogenannter »Critical Path«-Blocker für unseren Prozess. Sie signalisierte, dass die erfolgreiche Veröffentlichung der neuesten Version unseres Spiels davon abhing, dass die Kronenträgerin oder der Kronenträger diese kritische Aufgabe pünktlich erledigt. Der Rest im Team sollte den Träger ungestört lassen und ihm helfen, wann immer es möglich war.

Die Krone war einerseits recht plakativ, eines dieser typischen Start-up-Utensilien. Andererseits half uns die Krone, eine Unternehmenskultur zu entwickeln, bei der es auch um persönliche Verantwortung geht, um Personal Ownership. In unserer Definition bedeutet dieser Begriff, dass jeder Mitarbeitende verantwortlich ist, dass Ideen entstehen, geplant und ausgeführt werden können. Und das war »lebensnotwendig«, ohne das konzentrierte Ausführen von Ideen und Updates kann man im disruptiven Gaming-Geschäft nicht bestehen und überleben.

Was macht man eigentlich in einer Game-Firma?

Es gab den Druck von außen: ein schnelllebiges Geschäft, eine Branche, die extrem von Trends abhängig ist, von Trends, die sich innerhalb von Wochen ändern. Druck gab es auch durch eine Community, die gewohnt war, mit Updates und Neuerungen gefüttert zu werden, und sich schnell meldete, wenn etwas missfiel und nicht funktionierte. Und Druck, den Betrieb am Laufen zu halten sowie mit der Volatilität der Mitarbeiterlaune umgehen zu können.

Welche Qualifikationen und Fachkräfte braucht es, um ein Spiel an den Start zu bringen? Wozu müssen hundert Menschen in einer Gaming-Firma sitzen? Das Spiel gibt es schon, für die Updates müssten doch nur ein paar Leute genügen? Was machen die da eigentlich?

Man braucht jemanden, der das Spiel entwickelt, jemanden, der das Spiel animiert, dann jemanden, der dafür sorgt, dass darüber gesprochen wird, jemanden, der mit der Community in Verbindung steht, jemanden, der anfallende Daten auswertet, einige Spieletester. Also Entwickler, Produktmanager, Game-Designer, Artists, Marketingleute und später auch Data-Analytics-Experten, und Teams in HR, Qualitätsmanagement, Finanzen und Office-Management – und ein Führungsteam.

Das zwölfte Level ist das Autonomie-Level. Wir müssen im Unternehmen die richtige Spannung erzeugen. Zwischen Selbststeuerung, Selbstorganisation, Selbstbestimmung und Verantwortung, Organisation, Business. Gute Leader lassen allen Mitarbeitenden Raum. Gute Mitarbeitende erkennen die Spielregeln der Organisation an. Und wer die Krone aufhat, wird in Ruhe gelassen.

Level 13 in Sicht. Ja, Kultur- und Führungsfragen sind in jeder Firma essenziell wichtig. Aber noch wichtiger sind die richtigen Produkte und Services. Deshalb folgt die Frage aller Fragen in unserem Milieu: Wie entsteht eigentlich ein gutes Spiel?

EIN GUTES SPIEL IST EIN GUTES SPIEL

oder das Krass-komplex-Level

» Red Dead Redemption« ist eines der bekanntesten Videospiele der Welt. Ein Spiel aus dem Hause Rockstar Games. Die Story spielt im Wilden Westen und hat seit Jahren begeisterte Nutzer. Die Fans schätzen das detaillierte Open-World-Spiel, zumal es mit einer wunderbaren Geschichte verbunden ist. Der Fall von Arthur Morgan und der Van-der-Linde-Bande wird über mehr als 40 Stunden erzählt. Die Story gilt als eine der erfolgreichsten Geschichten, die je in einem Videospiel erzählt wurden. Alles in »Red Dead Redemption« 1 und 2 ist mit Liebe und Sorgfalt entwickelt, jedes Detail ist wichtig, es ist eines der wirklich aufwendigsten Spiele. Wer bei solch einem Spiel als Game-Designer oder Entwickler mitwirkt, ist ein Könner.

Einmal saß einer der Bewerber bei uns im Büro. Er hatte bei »Red Dead Redemption« gearbeitet, als Artist. Seine Aufgabe dort war es gewesen, sich über Monate hinweg um die Animation einer Peitsche zu kümmern. Er hatte ein Jahr lang die Peitsche eines Cowboys gestalterisch betreut. Jeden Tag die Peitsche. Das klingt nicht nur sehr eintönig, das ist es auch. Diese hochgradige Spezialisierung auf ein Minidetail, wie sie bei den großen Gaming-Konzernen üblich ist, gab es bei uns nicht.

Auch das war ein Grund, dass viele bei uns anfangen wollten, weil sie sich innerhalb des Spiels mehr einbringen konnten.

Wie *sieht* ein *Vulkan aus?*

Unser Spiel führte in eine Mine. Im »Idle Miner Tycoon« konnte man im Bergwerk Kohle, später auch Gold und Diamanten schürfen, um Geld anzuhäufen, Umsatz zu machen. Ein bisschen wie bei uns. Das Setting »Mine« war perfekt geeignet für das Handy. Wir wollten, dass die Spieler ihr Gerät senkrecht halten konnten. Und ein Spiel, das senkrecht in die Tiefe geht, ist perfekt geeignet. Um aber attraktiv zu bleiben, benötigte das Spiel eine Ergänzung, eine Erweiterung. Wenn nicht etwas Neues passiert, springen die Spieler ab. Das war unser Druck: die Spieler bei der Stange zu halten.

Keine polarisierenden Sachen machen

Und dann kommt eine neue Idee ins Spiel: Lasst uns eine Insel bauen. So etwas wie einen Feuerkontinent, auf dem neue »Abbaugebiete« erschlossen werden. Sofort machen sich die Zeichner, die Artists an die Umsetzung. Eine Feuerinsel mit einem Vulkan soll es werden. Wie sieht ein Vulkan aus? Wie wird die Lava optisch umgesetzt? Soll der Vulkan Feuer speien? Sind Lavaflüsse zu sehen? In welcher Farbe soll die Lava ins Spiel integriert werden? Und wenn wir jetzt eine Feuerinsel haben, brauchen wir dann nicht auch einen neuen Manager?

Wie sieht er aus? Tausend Entscheidungen. Realisieren wir es mehr als Comic, machen wir zusätzlich Schatten rein? Sehen die Spielfiguren freundlich genug aus? Oder grinsen sie zu breit? Sind sie zu neutral? In jedem Fall wollten wir keine polarisierenden Sachen machen. Es gibt ja Spiele, die nur schwarz-weiß sind oder in denen die Gesichter der Spielfiguren bis ins Detail gezeichnet sind, manche sind auch wirklich Hardcore-fotorealistisch. Für uns war jedoch die wichtigste Frage: Wird es gespielt?

Und dann machten sich die Artists ans Werk, meist an einem Tablet, selten mit Papier und Stift. Und natürlich kommt es in der Folge zu Konflikten. Ein hell leuchtender Lavastrom, den der Artist gut findet, lässt sich technisch nicht umsetzen. Dann schaut man den Artists über die Schulter, wie sie einen Vulkan bauen – und dann die niederschmetternde Antwort: »Janosch, du hast doch keine Ahnung, du machst doch BWL.« Und dann zieht man als Janosch, Oliver oder Daniel wieder ab.

Reicht der *Speicher?*

Dann werden erste Entwürfe gezeigt. In einem nächsten Schritt wird die »Spielbarkeit« ausgelotet. Hier geht es um Fragen, die sich das Produktteam, die Engineers und Game-Designer stellen. Wie kann sich der User durch die neuen Elemente klicken? Welche Buttons werden benötigt? Und über allem thronen noch technische Fragen: Reichen die Serverkapazitäten, um die Feuerinsel ins Spiel zu bringen? Und haben gewöhnliche Handys genügend Speicherkapazitäten, damit die User spielen können? Denn es gibt für Spieler nichts Schlimmeres, als wenn eine neue Version nicht geladen werden kann.

Das Produktteam schaut darüber hinaus, ob und wie sich das Spiel in Facebook integrieren lässt, wie man es den Spielern ermöglicht, gemeinsam mit Freunden zu spielen. Das Marketingteam wiederum prüft, wie eine Kampagne zur Feuerinsel aussehen kann, ob die Kampagne wirkt. Und wenn das Spiel läuft, werden aus den anonymisierten Nutzerdaten Erkenntnisse abgeleitet. Wie oft wird welcher Button angeklickt, wie schnell meistern die Spieler die neuen Aufgaben? Und was könnte man daraus für eine nächste Version ableiten? Das sind alles Fragen, die bei der Weiterentwicklung eines Spiels eine Rolle spielen. Denn ein Spiel muss fehlerfrei sein.

Was *sagt* die *Community?*

Um das zu gewährleisten, haben Spielunternehmen ein Testteam. Wenn ein Spielunternehmen 100 Mitarbeiter hat, sind bis zu zehn davon als Tester tätig. Das sind Leute, die darauf spezialisiert sind, Spielhürden zu finden. Sie prüfen beispielsweise, ob und wie das Spiel auf Geräten läuft. Ob es auf alten Smartphones läuft. Gerade bei alten Geräten können neue Spielversionen den Akku deutlich belasten. Die Tester prüfen außerdem, wie das Spiel auf unterschiedlichen Bildschirmbreiten erscheint, ob es verzerrt oder klar ist, welche Störelemente welche Handys aufweisen – all das muss ständig getestet werden. Selbstverständlich schauen sie auch nach der Spiellogik, nach der Auffindbarkeit von neuen Elementen und ob die Grafik überzeugen kann.

Entscheidend ist in jedem Fall die Kooperation mit der Community. Sie steigt dir ganz schnell aufs Dach, wenn etwas nicht rund läuft. Es sind zwar nicht viele, in der Regel beteiligen sich ein bis zwei Prozent der User mit Feedback, aber sie sind meist sehr meinungsstark – kein Wunder, dass sie von Community-Managern gehegt und gepflegt werden. Nicht zuletzt ergeben sich aus dem Feedback oft neue Spielideen. Die Auswertung von Spieldaten, die Datenanalyse, ist ein gleichermaßen wichtiges Element für die Spieleentwicklung– und zu guter Letzt auch die Kreativität im Unternehmen, dazu später mehr. Um Kreativität wirklich entfalten zu können, müssen Sachen direkt angesprochen werden, muss auch den Zeichnern/Artists die Möglichkeit gegeben werden, zu sagen, warum die Palme auf der Insel so aussieht, wie sie aussieht. Wie gesagt, das birgt Konflikte. Zeichner sind nicht selten introvertiert, arbeiten am liebsten in Ruhe vor sich hin, haben klare Vorstellungen von Ästhetik, die dann des Öfteren mit der technischen Umsetzbarkeit kollidiert.

Zwei Sekunden »Idle Miner Tycoon«

Unsere Devise »Mach keinen Quatsch« war letztlich auch entscheidend bei der Spieleentwicklung. Als wir begonnen hatten, wollten wir, was die Gestaltung angeht, das Rad nicht neu erfinden.

Wir hatten mit den Idle-Games ein Genre groß gemacht, also ein Spiel, das von selbst weiterspielt. »Idle Miner Tycoon« lief über Nacht weiter und die Spieler konnten am Morgen schauen, wie sich ihr virtueller Kontostand verbessert hat.

Das war neu.

Eine Mine ist es vor allem deshalb geworden, damit man es senkrecht spielen kann. Wir wollten nicht, dass die Spieler beide Hände benutzen müssen. Darüber hinaus muss ein Spiel sehr zugänglich sein, Ablauf und Logik müssen schnell erfasst werden, ohne großes Erklärungstutorial sollte es sofort losgehen, im besten Fall erklärt sich ein Spiel selbst. Und dann wird es sogar so berühmt, dass es in einer Netflix-Serie auftaucht. In der deutschen Serie »How to sell drugs online« ist ein Darsteller am Smartphone zu sehen – und die Zuschauer sehen zwei, drei Sekunden, wie er »Idle Miner Tycoon« spielt.

Das dreizehnte Level ist das Komplexitäts-Level. Es geht um die Harmonie zwischen allen Einzelteilen. Wie greifen alle Rädchen ineinander? Wie passen Artists, Programmierer, Data Analysts und Marketing-People zusammen? Wie werden Konflikte moderiert? Jeden Tag, jede Stunde, jede Minute bei voller Fahrt.

Level 14 in Sicht. Unsere Wachstumsschmerzen zwicken weiter an allen Ecken und Enden. Das Unternehmen will noch widerstandsfähiger werden. Und dabei nicht Bänder und Sehnen überdehnen.

‹14›

DIE NADEL IM HEUHAUFEN

oder
das Fritz-Box-Level

*W*enn ein Unternehmen rasant wächst, bleibt einiges auf der Strecke. Zum Beispiel der Fokus auf technische Kleinigkeiten. Man könnte jetzt sagen: Wir waren ein Technologieunternehmen, die Gründer allesamt Absolventen einer der besten Informatik-Universitäten im deutschsprachigen Raum, alles Menschen mit einem Technikbackground und einem tiefen Verständnis von digitalen Abläufen – denen sollte eigentlich auffallen, dass es etwas riskant ist, eine 60-Mitarbeiter-Bude mit einem anspruchsvollen Technikapproach auf einer haushaltsüblichen Fritz-Box laufen zu lassen. Auf einer einzigen Fritz-Box! Ja, eigentlich.

Wir hatten ein Weilchen gebraucht. Es ereignete sich in der ersten Phase in unserem neuen Büro in Berlin, wir saßen im Postbank-Tower und das WLAN war instabil, immer wieder fielen wir raus, immer wieder buggte der Laden. Für uns war das sehr dramatisch. Wir hatten alle Daten in der Cloud. Ohne Netz kein Zugang zu den Daten. Die Folge: Die Programmierer konnten teilweise nicht mehr entwickeln, die Artists die Dateien nicht mehr hoch- und runterladen. Kein Internet zu haben, war so etwas wie der Super-GAU.

Aber woran lag es?

Zunächst hatten wir die Sky-Leute im Verdacht, das Team des Bezahlsenders arbeitete unter uns und wir gingen davon aus, dass sie durch ihre TV-Daten das Netz überlasteten. Wir gingen zu ihnen, sie wiegelten ab, bei ihnen gäbe es keine Probleme. Dann diskutierten wir mit dem Anbieter, ob sie uns vielleicht nicht genug Datenvolumen zur Verfügung stellten. Dann glaubten wir, es läge an Berlin, die Hauptstadt, die sowieso immer hinterher mit allem ist. Schließlich haben wir ein paar IT-Profis als Berater geholt. Sie waren ebenso ratlos.

Sie sagten, dass die anderen WLANs stark strahlten, also die über und unter uns, zum Beispiel in den Büros von Sky. Ob es an uns liegen könnte, konnten sie nicht sagen.

Irgendwann kam schließlich ein Mitarbeiter von uns auf die Idee, dass es an unserer Fritz-Box liegen könnte. Und das war es, Consumer-Fritz-Boxen sind nicht darauf ausgelegt, mehrere Hundert Geräte und konstant riesige Datenmengen zu verarbeiten. Wir mussten schließlich feststellen, dass die Laptops von 60 Mitarbeitenden, viele persönliche Handys und bestimmt 200 Testhandys, im Grunde die gesamte Firmeninfrastruktur, das komplette WLAN der Firma an einer Fritz-Box hing, einer Fritz-Box, wie man sie im Wohnzimmer hat. Wow, Lesson learned!

Das waren Wachstumsschmerzen, die schnell behoben werden konnten. Andere waren anhaltender.

TRICK 17

Wie bekommt man bei einem Spiel eigentlich *mehr* Bewertungen?

Grundsätzlich hatten wir es ja schon. Man kauft sich die Goldmine: Ein Pop-up kommt! Man kann es noch nicht genau einschätzen, taugt das Spiel wirklich? Oder gefällt es einem nicht? Manche Sachen sind gut, andere nicht so? Aber vielleicht passt es gerade auch einfach nicht so, die U-Bahn hält und man muss aussteigen, also wird das Handy weggelegt. Das Pop-up verschwindet. Aber dann spielt man weiter, man kauft sich nicht nur die Goldmine, sondern auch die Rubin- und die Diamantmine. Und dann zack: »Du bist echt schon weit in dem Spiel. Willst du das Spiel nicht bewerten?«

Genau das Gleiche würden wir hier auch gerne machen. Du hast das Buch bereits bis hierhin gelesen. Gib uns doch online eine Bewertung, wo du das Buch gekauft hast. Wenn du als Beweis ein Foto oder einen Screenshot an kolibristory@blncapital.com schickst, gibt es eine kleine Aufmerksamkeit zurück!

Neuer Vertrag, *neuer* Stress

Ja, es gab Stress. Ja, wir hatten Fehler gemacht – und ja, es gab hitzige Auseinandersetzungen. Zwar können wir uns nicht daran erinnern, dass jemals Türen geschlagen wurden, herumgebrüllt wurde oder Sachen flogen. Sicher, wir sind eine andere Generation, da stritt man sich eher im Chat, wo es auch schnell hochkochen konnte. Da musste man auf der Hut sein, dass es nicht ausartet, und dazwischen gehen. Generell mussten wir sehr schnell sehr viel lernen. Eben auch, wie ernst Konflikte zu nehmen sind – oder auch wie vernachlässigbar, wenn einer einfach nur einen schlechten Tag hatte. Es war gut, zu dritt zu sein, nicht allein. Es kann sehr einsam werden, wenn du als Gründerin oder Gründer ganz allein mit den ganzen Dingen konfrontiert wirst, wenn die Mitarbeiter unzufrieden sind, wenn der Druck zunimmt. Wir hatten immer uns drei, wir konnten alles besprechen und gemeinsam nach Lösungen suchen. Wir hätten vieles nicht geschafft, gäbe es nicht dieses Vertrauen, diese Freundschaft zwischen uns.

Denn jeden Tag konnte irgendeine Kleinigkeit geschehen, mit der plötzlich alles ins Wanken geraten würde. Als Gründer kannst du urplötzlich einen firmeninternen Shitstorm provozieren – obwohl du eigentlich in bester Absicht handeln wolltest. Zum Beispiel die Sache mit den Arbeitsverträgen.

In der Frühphase hatten wir einfach irgendwelche Arbeitsverträge aus dem Internet zusammenkopiert. So wie unser Firmenname »Fluffy Fairy Games« aus dem Zufallsgenerator stammte, waren in den ersten Jahren unsere juristischen und betriebswirtschaftlichen Rahmenbedingungen nicht bis ins Detail ausgearbeitet. Zwischenzeitlich waren zehn verschiedene Arbeitsverträge mit vielen Sonderregelungen und unterschiedlichen Formulierungen für ein und dieselbe Sache bei uns in der Firma im Umlauf. Außerdem gab es die unterschiedlichsten Kündigungsfristen. Es war längst überfällig, dass wir die Verträge vereinheitlichen. Höchste Zeit, dass unsere Mitarbeitenden wenigstens gleiche Kündigungsfristen haben würden, auch wenn nicht alle im Team eine längere Kündigungsfrist haben wollten. Wir ließen von einem Juristen und Arbeitsrechtler ordentliche Arbeitsverträge ausarbeiten.

Unruhe im Team

Zum Beispiel wurde eine längere Kündigungsfrist in den Vertrag aufgenommen. Außerdem wurde die Zahl der Urlaubstage erhöht, sodass jeder Mitarbeitende für jedes Jahr Betriebszugehörigkeit einen Urlaubstag mehr zu den bisher vereinbarten 24 Urlaubstagen erhielt. Auch war der Rest des Vertrags im Sinne der Mitarbeitenden wasserdicht und objektiv gesehen deutlich besser als das Vorgängermodell, Marke online. Janosch nahm das zum Anlass, das neue Vertragswerk in einer Firmenversammlung vorzustellen. Er betonte das Positive – und dass die neuen Verträge von nun an für alle gelten. Auch hier gingen wir davon aus, dass wir die Zusammenarbeit verbessert hatten. Doch einer Sache hatten wir nicht die Bedeutung beigemessen, die sie dann plötzlich bekam – und richtige Unruhe ins Unternehmen brachte: Wir hatten nämlich auch die Überstundenregelung vereinheitlicht.

»Was heißt das denn?«, fragte einer, »könnt ihr jetzt einfach bestimmen, dass wir länger arbeiten?« Bis dahin hatten wir Überstunden nicht schriftlich festgehalten, nun waren sie schwarz auf weiß geregelt. Und während die meisten eigentlich ganz einverstanden waren, kamen immer mehr ins Grübeln: »Warum steht das jetzt da?«

Scheint alles *okay* zu sein

Die Stimmung veränderte sich. Es zählte plötzlich nicht mehr, dass wir uns bemühten, keine Überstunden zu machen. Es zählte nicht mehr, dass wir uns immer nahbar gaben. Vielmehr betrachteten uns einige jetzt als die abgehobenen Unternehmer, die sich nehmen, was sie wollen. So entzündete sich an dem Überstundenabsatz eine Diskussion, die wir so nicht erwartet hätten. »Was passiert, wenn ich das nicht unterschreibe?«, fragte einer unverhohlen. Wir erwiderten: »Aber jetzt hat schon ein Drittel der Leute unterschrieben, es scheint doch alles okay zu sein.«

Längst waren wir in einer Verteidigungsposition und agierten nicht mehr souverän. In unseren Augen zahlten wir doch wirklich gut, zudem waren wir immer gesprächsbereit, wenn Mitarbeiter eine Gehaltserhöhung wollten. Wir hatten die Reaktionen einfach nicht erwartet und unterschätzt. Wir gingen davon aus, dass sie es in Ordnung finden, was wir machen. Doch wir hatten in der Belegschaft Angst ausgelöst, sie fühlte sich unwohl, von uns nicht mitgenommen. Und wir hatten keine Ahnung, wie wir diese Situation lösen sollten.

Was war *der Fehler?*

Einige der Mitarbeitenden fühlten sich jetzt nicht mehr gut behandelt, sie bereuten es, »uns blind vertraut zu haben«. Andere gaben uns noch eine Chance, waren aber »nachdenklicher« geworden. Und ja, Arbeitsverträge sind etwas sehr Intimes, ein Thema, das sehr behutsam behandelt werden muss. Offenbar war genau das nicht geglückt.

Worin bestand unser Fehler? Heute wissen wir es. Unser Fehler bestand darin, dass wir den Leuten den Vertrag »einfach so« gegeben und recht eindringlich gesagt haben, sie müssten das nun unterschreiben. Der Fehler lag nicht im Inhalt – sondern in der Form. Das missfiel. Nur dadurch entstand ein Misstrauen, nur deshalb wurden die anderen Regelungen hinterfragt, selbst jene, die eigentlich Standard sind, selbst jene, die vorher schon in den Arbeitsverträgen enthalten waren. Es war die Art der Kommunikation, die im Team nicht gut ankam. Viele Mitarbeitende fühlten sich etwas überfahren.

Im Nachhinein war das sicher unser krassester Managementfehler. Und natürlich das größte Learning. Nie wieder werden wir Arbeitsverträge auf die leichte Schulter nehmen. Nie wieder werden wir einem Team *en passant* neue Verträge geben. Showdown: Um den Konflikt zu lösen, überließen wir es schließlich den Leuten. Sie konnten, wenn sie wollten, ihren alten Vertrag behalten. Letztlich haben weit mehr als 80 Prozent den neuen Vertrag unterschrieben, keiner hat wegen des Vertrags das Unternehmen verlassen. Aber wir hatten etwas Entscheidendes gelernt, was man beim Umgang mit Menschen, beim Umgang mit Mitarbeitenden im Blick haben muss.

»To *serve* our players«

Uns ging es um Zufriedenheit. Leute, die nicht glücklich sind, entwickeln keine guten Spiele. Aber Mitarbeitende sind manchmal schwer einzuschätzen. Ein weiteres Beispiel: In guter New-Work-Tradition gingen wir davon aus, dass sich Mitarbeitende mit ihrem Unternehmen identifizieren. Alle wollen Teil von etwas sein.

»Evolving the way the world moves« von Uber ist ein gutes Beispiel. Oder bei FlixMobility heißt es: »Grüne und smarte Mobilität, um die Welt zu entdecken«. Und die Deutsche Bahn sagt: »We are becoming the world's leading mobility and logistics company.« Ein berühmtes Beispiel für ein Mission-Statement bezieht sich auf das Selbstverständnis von Wikipedia: »Was wäre, wenn das gesamte Wissen der Menschheit jedem frei zugänglich gemacht würde?«

Viele Unternehmen befestigen diese Visionen und Missionen auch als Schriftzug gut sichtbar im Unternehmen. So auch wir!

»*We are here to serve our players*« hing als Schriftzug in unserem Büro im Postbank-Tower – und löste wenig Begeisterungsstürme aus.

»Serve? – Ich bin doch kein Sklave!«, sagte einer. Andere wiederum gingen eher davon aus, dass sie vor allem wegen ihrer selbst hier sind. Da offenbarte sich ein von uns nicht erwartetes Kundenverständnis. Aber niemals hätten wir unsere Mitarbeitenden als »Sklaven« betrachtet. Das Schild blieb hängen.

Lerneffekt. Als Pragmatiker bringt man eine Firma nach vorne. Immer schaut man, was der Firma nutzt, was dem Grundverständnis eines Unternehmers entspricht. Aber die wahre Herausforderung liegt im Ausbalancieren der Mitarbeiterinteressen.

Und die größte Erkenntnis über die Jahre hinweg war, dass verschiedene Leute andere Arten von Führung brauchen. Es gibt Leute, die von sich selbst sagen, dass sie Druck von oben brauchen. Es gibt andere, die eher den coachenden Ansatz bevorzugen. Manchen genügt es wiederum, wenn man ihnen ein Buch empfiehlt, das einen inspiriert und weiterhilft. Andere brauchen einen konkreten Plan, um besser zu werden. Es gibt keine Lösung, die für alle passt. Da musst du als Gründer und Chef immer flexibel sein, es ist ein fortlaufender Prozess. Wichtig ist, dass Mitarbeitende nicht nur gecoacht werden, wenn es schlecht läuft – es muss auch passieren, wenn es gut läuft. Und bei uns lief es sehr gut. Mit unserem Produkt hatten wir weiterhin großen Erfolg.

Wir sind unser *bestes Korrektiv*

Wir fragten uns in dieser Zeit oft, ob und wie wir uns verändert hatten. Ob uns der Erfolg abgehobener, die Leadership-Erfahrung uns härter gemacht hatten. Wir würden sagen: nein. Vermutlich hat uns auch hier geholfen, dass wir zu dritt waren. Wir konnten uns immer gegenseitig daran erinnern, woher wir kamen, wer wir sind. Wir waren unser bestes Korrektiv. Durch die enge, freundschaftliche Beziehung untereinander konnte keiner wirklich abdrehen. Und mit jedem erfolgreichen Tag wurden wir etwas selbstbewusster.

Das übertrug sich auf die Mitarbeiterinnen und Mitarbeiter. Wir standen, auch als Führungsteam, immer im Kontakt. Auch wenn unsere Ansprache knapper und effektiver wurde. Wenn auf einem Messengerdienst beispielsweise ein Entwickler umfassend eine neue Idee geschildert hatte, hätten wir anfangs noch ausführlicher geantwortet, später war es nur noch ein »Lass machen!« oder ein Daumen-hoch-Emoji. Über Telegram, Chat oder Slack waren wir immer erreichbar. Vor allem waren wir immer am Handy.

Wir legten es praktisch nie aus der Hand. 70 Prozent der Kommunikation lief über Messengerdienste, viele Entscheidungen wurden auf diesem Weg getroffen. Ja, wir waren immer präsent und auch bei der Kommunikation achteten wir auf maximale Schnelligkeit.

Ab **Minute** *30* **beginnt der** *Quatsch*

Für aufwendigere sowie inhaltlich anspruchsvollere Themen war ein Messengerdienst natürlich nicht die geeig-
nete Plattform. Dann musste Face-to-Face gesprochen
werden, wir waren immer ansprechbar, arbeiteten ja auch
im selben Raum. Eine Nachricht: »Hey, kurz Zeit?«, und
dann nahmen wir sie uns. Mitunter saßen wir den ganzen
Tag in Meetings, was sich als effizienter Arbeitsmodus erwies. Und unser Talent lag offenbar darin, viele Themen
extrem schnell zu entscheiden.

Wir achteten darauf, nie länger als 30 Minuten in einem Meeting zu sitzen, bei den meisten Themen waren es
eher 15 Minuten. Ein-Stunden-Meetings gab es fast nie.
Wir waren der Meinung, was länger als 30 Minuten dauert, ist nicht gut vorbereitet. Oder mit anderen Worten:
Ab Minute 30 beginnt der Quatsch – und wir wollten keinen Quatsch machen. Wir wollten schnell sein.

Wenn sich etwas zog, schauten wir, wie wir die Planung
kürzer halten und die Komplexität eindampfen konnten.
Wir wurden immer misstrauisch, wenn etwas zu lang dauerte. Denn wenn die Umsetzung von Ideen dauerte, führte
das meist auch dazu, dass es zu kompliziert wurde – und
wir fragten uns immer: Warum es kompliziert machen,
wenn es auch einfach geht?

In den Jahren 2018 und 2019 war die Firma alles für
uns. Wir haben nur für die Firma gelebt. Unser Mantra
»Don't do weird things!« bezog sich fast auf unser ganzes
Umfeld: Freunde, Familie, Hobbys. Wir wollten gewinnen,

unbedingt gewinnen. Dafür waren wir Always-on, nie mehr als eine Woche im Urlaub, nahmen kein Sabbatical oder »eine Auszeit«. Wir haben für die Firma gelebt, waren von morgens bis abends im Office, haben abends weiter an die Firma gedacht oder gearbeitet, auch viele Spiele gespielt, um Anregungen zu bekommen. Auch das eigene Spiel immer und immer wieder gespielt. Wie wir wohnten, wie wir außerhalb der Firma lebten, war nicht entscheidend. Eine Trennung von Arbeit und Leben nicht unser Ziel. Janosch hatte beispielsweise 2018 lange in einer Wohnung ohne Möbel gelebt. Er hatte keinen Schrank, keinen Tisch, nur eine Matratze und in der Küche einen Ofen. Der war praktischerweise in Brusthöhe angebracht, sodass er die Ofenklappe als Stehtisch nutzen konnte. Das Leben fand im Büro statt.

Nicht unnahbar werden

Wir bemühten uns, dass die Mitarbeitenden und wir sehr freundschaftlich miteinander umgingen. Wir machten viel zusammen, hingen zusammen ab. Die meisten Leute waren miteinander befreundet, weil sie das gleiche Alter hatten und viele für den Job nach Berlin gezogen waren. Als CEOs konnten wir freundschaftlich mit unseren Mitarbeitenden umgehen. Unprofessionell wollten wir trotzdem nicht werden. Das ist ein schmaler Grat. Auf der einen Seite feiert man mit den Leuten, auf der anderen Seite muss man schauen, dass die Arbeit gemacht wird. Aus unserer Sicht heute überwog immer der freundschaftliche

Umgang. Nicht zuletzt begannen in der Firma auch Partnerschaften.

Wie gesagt, wir waren alle zwischen 20 und 30. Wir saßen den ganzen Tag zusammen. Es war als Freundesunternehmen gegründet worden – und es blieb in gewisser Weise ein Freundesunternehmen. Das war uns wichtig. Wir wollten ein cooles Umfeld bieten, wir signalisierten in Bewerbungsgesprächen: Hier kannst du Gleichgesinnte, hier kannst du Freunde finden! Wer neu in Berlin war, noch kein wirkliches soziales Umfeld in der Stadt hatte, für den passte es bei uns perfekt. Es gab wirklich so etwas wie eine eigene Unternehmenskultur, es war Heimat, wo wir und unser Team sich geborgen und zu Hause fühlten.

Das vierzehnte Level ist das Wenn-Kleinigkeiten-wichtig-werden-Level. Der Rand drückt in die Mitte. Was vorher unwichtig und unbedeutend schien, kommt mit großer Energie in den Mittelpunkt. Ob Fritz-Box oder Überstundenregelung, alles hat Sprengkraft, wenn die Mitarbeitenden es wollen. Kumpel und Vorgesetzter sein ist auch ein Spagat, der manchmal misslingt. Jetzt waren die Freundschaft und der Zusammenhalt von uns dreien besonders wichtig.

Level 15 in Sicht. Unsere Heimat bekommt endlich einen neuen Namen.

DER NEUE 360-GRAD-BLICK

oder das Oben-auf-dem-Dach-Level

*W*ie macht sich das, wenn in einem CV steht: »Fluffy Fairy Games«? Stell dir vor, du bewirbst dich, und auf deinem Lebenslauf taucht das Wort »flauschig« auf – weil deine bisherigen Chefs einen Zufallsgenerator im Netz angeworfen und sich auch sonst wenig um den Firmennamen gekümmert hatten. Das Logo von Fluffy Fairy Games kostete übrigens nur 100 Euro. Und nach der Fritz-Box, die wir dringend austauschen mussten, um technisch auf dem neuesten Stand zu sein, machten wir uns nun an die richtige Namensfindung. Es fühlte sich nicht mehr richtig an, hinter einem improvisierten Firmennamen zu stehen. Ein neuer Name war so etwas wie der nächste Schritt, um erwachsen zu werden.

Aber das Erwachsenwerden wollten wir zunächst geheimhalten. Das Team wusste zwar, dass wir eine Namensänderung planten, doch der konkrete Zeitpunkt und vor allem der Name sollten geheim bleiben. Es sollte eine Überraschung werden. In unserer Vorstellung sollten die Mitarbeitenden am Freitag ins Wochenende gehen – und am Montag in eine Firma mit neuem Namen und Logo zurückkehren. Und so kam es dann.

Vorwärts und *rückwärts* fliegen

Die Planungen hatten lange zuvor begonnen, es gingen Monate ins Land. Wir beauftragten zunächst eine Agentur, die sich auf die Entwicklung von Namen spezialisiert hat. Es kamen Vorschläge wie »Lit« oder »Acceler8«. Diese Namensvorschläge sollten Technologieaffinität und eine gewisse Berliner Start-up-Hipness ausstrahlen – sie gefielen uns aber nicht. Es brauchte einen Namen, der mehr uns entsprach, der sympathisch und eingängig war.

Wir wechselten die Agentur und gemeinsam mit dieser kamen wir auf den Kolibri. Die Begründung war überzeugend: Kolibris sind die kleinste Vogelart überhaupt. Kolibris können auf der Stelle fliegen. Sie können auch seitwärts und sogar rückwärts fliegen. Das kann sonst keine einzige Vogelart auf der Welt. Der Kolibri ist der einzige Vogel auf der Welt, der diese Fähigkeit besitzt. Außerdem ist der Kolibri extrem beweglich im Schulter- und Ellbogenbereich, was ihm jede erdenkliche Flügelstellung ermöglicht. Jedes einzelne Detail fanden wir passend. Klein, wendig, agil und extrem schnell. Hinzu kam noch, dass das Herz im Verhältnis zum restlichen Körper sehr groß ist und der Kolibri einen Herzschlag von 400 bis 500 Schlägen pro Minute hat. Kurz gesagt: ein Powerhouse mit Flügeln.

Das alles entsprach unserer DNA. Turboherzschlag und beweglich in alle Richtungen. Nicht zuletzt klang es sehr sympathisch. Mit einem Kolibri verband niemand etwas Negatives. Kolibris sind keine Raubvögel. Diese Vogelart überlebt durch den hohen Einsatz von selbsterzeugter Energie. Auch deshalb passte es gut, auch deshalb hatte sich der Namen von Anfang an gut angefühlt, er strahlte etwas Positives und Warmherziges aus. Zudem ließ es sich gut auf das Team und dessen Außendarstellung übertragen: »die Kolibris«. Ein schöner Name für die Identifikation.

Logo in *Leuchtschrift*

Einen Namen gab es also. Das dazugehörige Logo wurde noch erstellt. Und dann setzten wir unseren Plan um. Am Freitag nach Feierabend begann der rasante Umbau. Tische und Stühle wurden zusammengerückt, die Maler kamen zum vereinbarten Zeitpunkt – und so wurde über das Wochenende das komplette Büro neu gestrichen, Rot und Blau. Im Eingangsbereich verwendeten wir Schwarz als Hintergrund, damit das neue Logo in Leuchtfarben gut sichtbar zu sehen war.

Wer uns von nun an besuchte, las als Erstes: »Kolibri Games«.

Parallel dazu hatten wir einen Berg an Merchandising-Artikeln wie Kolibri-Hoodies, Kolibri-Stifte, Kolibri-T-Shirts, Kolibri-Socken oder Kolibri-Blöcke herstellen lassen. Der Name sollte sich sofort bei allen einprägen, alle sollten den Namen oft und überall lesen können. Und wie im ganzen Verlauf unserer Firmenhistorie war auch das Rebranding ein Turboakt. Wir jagten durch dieses Wochenende, tilgten alle Spuren von »Fluffy Fairy Games«, auch um unserem Team am Montagmorgen möglichst cool und gelassen zu verkünden:

»Ach ja, wir haben eben mal den Namen geändert.«

Die Überraschung gelang. Die Mitarbeiter und Mitarbeiterinnen kamen am Montag – und waren so baff, wie coole Mittzwanziger eben baff sein können. Sicher, die wenigsten zeigten die Überraschung offen. Aber wir merkten ihnen an, dass sie damit nicht gerechnet hatten. Das Neue ist am Anfang immer etwas komisch, aber der Name »Kolibri« sorgte rasch für gute Stimmung und es dauerte nicht lange, bis alle den Namen verinnerlicht hatten.

Natürlich folgte die obligatorische Rebranding-Party und auch diese uferte standesgemäß aus – und zwar so sehr, dass die Maler noch mal kommen mussten. Um für die nächste Feier vorbereitet zu sein, hatten wir uns für eine abwaschbare Silikonfarbe entschieden. Außerdem mussten wir noch eine Teppichreinigungsmaschine anschaffen. Weil sich die tiefe Freude über den neuen Namen nicht nur in expressiven Wandbemalungen äußerte, sondern auch in spontanen Teppicheinweihungen. Nun gut, wir waren eben trotz allem ein Start-up. Und verhielten uns wie ein Start-up, auch auf Teneriffa.

Sunny *Days*

Ein Bild werden wir nie vergessen: Dutzende von Gamer-Nerds aus Berlin warfen sich in den Hotelpool und machten Aquagymnastik. Jeder hatte sich zuvor eine Schaumstoffnudel genommen, diese bunten Plastikdinger, und dann sprangen sie grölend zu den älteren Damen, die im Wasser auf- und abwippten – und alle Nerds wippten mit. Und während einige Hotelgäste womöglich in diesem Augenblick bedauerten, Teneriffa gebucht zu haben, kreischten die Kreuzberger Spieleentwickler aus dem Chlor und turnten zu Major-Lazer-Animationsmusik.

Ja, das war nicht unser bester Auftritt, aber einer der fröhlichsten. Und für diejenigen, die dabei waren, war es sicher eine unvergessliche Erinnerung, zum Beispiel für den Aquagymnastik-Animateur. Auch dem Empfangs-chef im Hotelrestaurant blieben wir lange in Erinnerung. Einige aus dem Team hatten keine langen Hosen für den Trip nach Teneriffa eingepackt. Mit kurzen Hosen wur-den sie jedoch nicht in das Restaurant zum Dinner gelas-sen. Es wurde lange hin und her diskutiert– doch mit kurzer Hose? Oder doch nicht? Das Hotelpersonal blieb hart. Um die Ecke gab es glücklicherweise einen Kiosk, in dem auch Jogginghosen verkauft wurden. Also wurden dort Hosen gekauft, angezogen und auch wenn die meisten mit den kurzen Hosen schicker ausgesehen hatten als mit ein paar hässlichen Jogginghosen, durften wir zum Essen.

Es war uns über all die Zeit wichtig, unseren Mitarbei-tenden etwas zu bieten. Wir arbeiteten hart, waren sehr diszipliniert und wollten, dass in einem 9-18-Uhr-Arbeits-tag »kein Quatsch« gemacht wird – aber wir brauchten Ausgleich. Die meisten von uns waren Mitte/Ende 20, da braucht man auch mal Meer oder wenigstens eine Pool-bar. So planten wir intern ab 2018 einmal im Jahr eine Reise, ein verlängertes Wochenende in einem Fünf-Sterne-all-inclusive-Hotel mit allem Komfort.

Für die meisten war es der erste Trip dieser Art. Und die Reiseziele waren klassisch: 2018 Teneriffa, 2019 Thes-saloniki, danach wurden die Reisen wegen Corona einge-stellt. Die Grundidee: Statt Postbank-Tower sollten alle ans Meer. Delphine gucken, Sonne genießen, den Barkeeper mit 50 gleichzeitig bestellten Gin Tonics an den Rand der Verzweiflung treiben – und als Team wachsen. Die Reisen waren im September, jeweils von Donnerstag bis Sonntag. Und am Montag wurde wieder »g'schafft«. Wir sind schließlich Schwaben. Da ließen wir auch nicht mit uns diskutieren. Thank God It's Monday!

Einer war *der »Nachtwächter«*

Diese »Sunny Days« waren uns heilig. So heilig, dass wir sie sogar in die Stellenausschreibungen gepackt hatten: »Was wir bieten: Einmal im Jahr fahren wir alle weg.« Und in diesen Tagen nahm nicht nur das ganze Team eine Auszeit, auch unser Motto: »Mach keinen Quatsch« wurde ausgesetzt – und das Gehirn ein wenig auf Urlaub geschickt. Mit einer Einschränkung. Irgendwie musste die Firma weiterlaufen, das Spiel kontrolliert werden. Deshalb musste einer aus dem Team »Nachtwache« schieben. Er oder sie saß dann mit dem Laptop am Tisch, meist einer vom Marketing, und beobachtete, ob das Spiel lief, die Zahlen okay waren, ob technisch alles sauber lief. Und während acht bis zehn Leute am Tisch saßen, aßen, tranken, feierten, blickte der »Nachtwächter« ernst auf den Bildschirm. Für Außenstehende war es sicher ein sehr amüsanter Anblick.

Wenn wir nicht an der Poolbar nervten oder die Aquagymnastik störten, machten wir Teambuilding. Tatsächlich entwarfen wir in kleinen Gruppen Spielideen, fertigten Zeichnungen an, dachten über Games nach. Später wurde wieder gesurft, getaucht oder wieder in der Poolbar nachgeschaut, ob noch genügend Cocktails da waren. Oder wir saßen zu zehnt am Tisch, langten ordentlich zu und nach dem Essen sagte einer generös: »Die Rechnung geht auf mein Zimmer!« Tatsächlich aber hatte die Firma längst alles bezahlt.

»Plus 1«, »plus 2« – alles *kein Problem*

Diese Reisen waren die Höhepunkte. Und sie waren ein Zeichen: Ja, wir waren wirklich oben auf der Welle angekommen. Ganz oben!

Und es war Teil unserer Firmen-DNA, dass Erfolge gefeiert werden. Einmal im Quartal gab es eine Party im Office – und auch da wurde das »Mach keinen Quatsch«-Motto großzügig ausgelegt, selbst wenn das Büro an seine Kapazitätsgrenzen gebracht wurde.

Jeder durfte übrigens noch Leute mitbringen. Externe waren immer willkommen, »plus 1«, »plus 2« – alles kein Problem. Abgesehen davon, dass es einen witzigen Nebeneffekt hatte. Wenn unsere Mitarbeitenden ihren Freunden oder Bekannten erzählten, was sie arbeiteten, konnten nicht alle etwas damit anfangen. »Ein Handyspiel? Okay! Und wie heißt die Firma? Wie der Vogel? Das sind doch sicher lauter Nerds?«

Und dann kamen sie mit auf eine Party und waren beeindruckt. Erstens sahen wir nicht alle aus wie Nerds. Dann hatten wir eine sehr gute Firmenkultur (und eine gleichermaßen gute Feierkultur). Es gab immer gut zu essen, zu trinken – und die externen Gäste bekamen eine Ahnung davon, was bei uns tatsächlich abging: Mehr als

100 Mitarbeiter. 37 Millionen Umsatz. Ein tolles Büro im 16. Stock, mitten in Berlin. Und was als »Handy-Game« belächelt wurde, erwies sich bei genauerer Betrachtung als beeindruckende Firmenstory. Und vor allem hatten die Nerds immer etwas zum Feiern: 50 Millionen Downloads unseres Spiels, dann 100 Millionen Downloads. Auch als wir die Schwelle von 100 Mitarbeitenden überschritten hatten, war das ein wichtiger Meilenstein. Für eine Party fand sich immer ein Anlass.

»Mittlerweile *selbst* eine *Goldgrube*«

Dass wir ganz oben auf der Welle surften, merkten wir auch daran, dass die Medien begannen, sich für uns zu interessieren. In den Jahren zuvor musste unser Pressemann Tom immer viel fischen und an Türen klopfen, dass wir medial wahrgenommen wurden, wenigstens in einem Spielemagazin. Plötzlich kamen die Anfragen von allein. Selbst klassische Medien und seriöse Zeitungen wie der Berliner »Tagesspiegel« berichteten über den »Idle Miner Tycoon«, Zitat: »Im Spiel ›Idle Miner Tycoon‹ geht es darum, eine Mine auszubauen und deren Abläufe so zu verbessern, dass immer größere Umsätze erzielt werden können. Hinter der simplen Wirtschaftssimulation, die auf dem Smartphone gespielt wird, steckt das Berliner Start-up Kolibri Games. Und das ist mittlerweile selbst eine Goldgrube.«

Und wir hatten ja eine gute Geschichte: von der Studi-WG zum Millionenunternehmen. Ein paar Freunde, die sich auf den Weg machen. Vom Start-up zum 100-Mitarbeiter-Unternehmen.

Und so erreichten uns bald die ersten Preise und Auszeichnungen. Meist wurde unsere Geschwindigkeit ausgezeichnet. Also, dass wir ein extrem schnell wachsendes Unternehmen waren.

In einer Reihe mit Flixbus, N26 und Celonis

Einer der ersten wichtigen Preise war bereits 2018 der erste Platz bei Deloitte Technology Fast 50 in der Kategorie »Rising Stars« für Unternehmen mit weniger als vier vollen Jahresabschlüssen. 2020 gewannen wir in der Hauptkategorie. Der Award zeichnet jedes Jahr die wachstumsstärksten Technologieunternehmen Deutschlands aus. Mit der Auszeichnung in der Hauptkategorie standen wir mit Kolibri Games in einer Reihe von Unternehmen wie Celonis, dem ersten deutschen Start-up, das eine Bewertung von mehr als zehn Milliarden US-Dollar erzielte. Weitere Preisträger aus den Vorjahren waren Goodgame Studios, die einst größte deutsche Spielefirma, die zeitweise mehr als 1000 Mitarbeiter beschäftigte.

Die Auszeichnung überraschte uns sehr. Es war der erste »richtige« Preis. Wir dachten zunächst, wir seien nur aus Höflichkeit eingeladen worden. Janosch fuhr nach Köln, freute sich auf ein verlängertes Wochenende und auf den Austausch mit ein paar CEOs aus anderen Gaming-Firmen. Und plötzlich wurde er auf die Bühne gerufen und durfte einen Preis entgegennehmen. Im Nachhinein wurde klar, warum er direkt vorne neben die Moderation gesetzt wurde. Aber als er dann auf der Bühne stand, wusste er erst mal nichts zu sagen, hat dann etwas von »Freude« und »Dank« gemurmelt – aber da war er: der erste »richtige« Preis!

2019 schafften wir es unter die Finalisten des EY Entrepreneur of the Year Award, der die besten inhabergeführten Unternehmen Deutschlands auszeichnet. Unter den Finalisten waren im selben Jahr beispielsweise die N26-Gründer und im Jahr zuvor hatten die Gründer von FlixMobility (Flixbus) gewonnen. In dieser Reihe sahen wir uns sehr gerne: Flixbus, N26, Celonis. Unser einst belächeltes Mobile-Game-Unternehmen stand in einer Reihe mit *dem* Mobilitäts-Start-up, mit einem überaus erfolgreichen Fintech mit einem Umsatz von weit über 100 Millionen Euro sowie einem führenden Softwareunternehmen für Geschäftsprozesse. Wir waren oben angekommen. Und das nicht nur im Hinblick auf den Unternehmenserfolg – sondern auch physisch.

Der Postbank-Tower in Berlin hat 23 Stockwerke. Wir waren im 16. Stock, später haben wir noch ein zweites Stockwerk gemietet, und wir waren naturgemäß neugierig, was es darüber noch so alles gab. Immer wieder gingen wir nach oben, schauten in die anderen Stockwerke. Viele waren verlassen, wurden nicht mehr genutzt, ganz oben war beispielsweise die alte Postbank-Kantine. In der war alles dunkel, teilweise standen noch Kantinenmöbel herum und die Küche war noch komplett eingerichtet, mit Geschirr, Töpfen und Fritteuse. Für uns alte Seriengucker sah das eher aus wie eine stillgelegte Crack-Küche. Wir inspizierten weiter das Hochhaus und irgendwann entdeckte einer aus dem Team eine Feuertür, die zum Dach hinausführte.

Oben ist die *Welt* in *Ordnung*

Die Tür war nicht abgeschlossen und weil »Mach keinen Quatsch« vor allem für die Arbeit galt, gingen wir raus aufs Dach – und es war atemberaubend. Vom Dach des Postbank-Towers hat man einen fantastischen Rundblick über die ganze Stadt. Gut, es ist jetzt nicht die klassische Aussichtsplattform, beispielsweise gibt es weder ein richtig stabiles Geländer noch sonstige Sicherungsvorkehrungen. Man könnte sagen, dass es durchaus gefährlich ist, da oben zu sein. Das hielt uns nicht davon, immer wieder raufzugehen. Wenn es warm war, traf sich das Team da oben, man genoss den Sonnenuntergang, trank ein Feierabendbier und hatte eine gute Zeit.

Bis unsere Nemesis wieder auf den Plan trat. Sozusagen als Wiedergänger unseres Hausmeisters in Karlsruhe zeigte die Hausverwaltung des Towers sehr wenig Verständnis für unser Dachabenteuer – und sie stiegen uns, man muss es so sagen, aufs Dach. Wenn das nicht aufhört, diese Partys auf dem Dach, dann würden sie uns aus dem Haus werfen, den Mietvertrag fristlos kündigen. Und da waren sie wieder, die wohlbekannten Klänge: »Ihr fliegt hier raus!!!«

Was dann nicht geschah.

Das fünfzehnte Level ist das Die-große-weite-Welt-Level. Sie entdeckt den Kolibri, das Powerhouse in der deutschen Gaming-Szene. Spiel ohne Grenzen. Der Horizont ist das Limit. Wir leben und arbeiten wie im Paradies.

Level 16 in Sicht. Alles im Leben hat ein Ende. Wir verkaufen.

EINE BEIDER-SEITIGE GEWINN-BEZIEHUNG

oder
das Exit-Level

Ross Logan – ein Name wie aus einem britischen Krimi. Ross Logan wurde 2019 zu einem unserer wichtigsten Mitarbeiter. Ross, gebürtiger Schotte, hatte nach dem Studium 1999 als Berater bei der Beratungsfirma PwC begonnen und war in den Nullerjahren in die Games-Branche gewechselt. Ross war ein Spezialist, ein sehr erfahrener Mann Mitte 40, der uns helfen sollte, das größte Ziel zu erreichen.

Im Sommer 2019 war alles gut. Wir hatten eine gut geölte Maschine gebaut. Aus dem WG-Start-up war innerhalb kürzester Zeit ein mittelständisches Unternehmen geworden – und das komplett ohne Fremdkapital, ohne einen einzigen Investor. Wir waren hochprofitabel, ein Großteil unseres Umsatzes war Gewinn. Zwischen 2016 und 2019 lag das Umsatzplus bei sagenhaften 12 000 Prozent, wie der »Business Insider« berichtete. Und noch immer verzeichneten wir starkes Wachstum. Mit unserem Spiel hatten wir das Idle-Games-Genre groß gemacht. Einen echten Konkurrenten auf dem Gebiet gab es nicht. 2019 gab es nur uns.

Sicher, es gab welche, die wollten uns kopieren. Zum Teil waren da richtige Profis darunter. Aber Tatsache ist, dass man ein Spiel nicht wirklich kopieren kann, man kann die Idee adaptieren, sich »ein Beispiel nehmen«. Das passiert relativ häufig. Wir haben das ernst genommen, zumal es auf den »Idle Miner Tycoon« auch keinen weltweiten Markenschutz gab. Aber, wie gesagt, man kann nicht einfach ein Spiel nachbauen. Niemand wird einfach den Code kopieren. Da ist man urheberrechtlich in gewisser Weise schon geschützt – oder man muss um den Schutz kämpfen.

Topleute wollten bei uns arbeiten

Ansonsten business as usual. Es lief prächtig. Wir wurden mit Preisen ausgezeichnet. Die Stimmung im Team war sehr gut. Wir arbeiteten hart, wir feierten. Und viele wollten bei uns arbeiten. Unter den Bewerberinnen und Bewerbern fanden sich immer mehr, die zuvor in großen Firmen tätig waren, zum Teil wichtige Posten innehatten. Sie wollten jetzt zu uns! Das mussten wir erst mal verkraften. Zwei Jahre zuvor wären sie im Leben nicht in unsere nach zerkochtem Fertigreis riechende WG zum Vorstellungsgespräch gekommen. Jetzt saßen Topleute vor uns – und wollten ihr Know-how und ihre Energie für Kolibri Games einsetzen.

Auch sonst lief alles reibungslos. Als Führungsteam war unser Tag durchgetaktet, wir hatten 16 bis 17 30-Minuten-Slots pro Tag. Wir drei waren eigentlich nur noch als Manager unterwegs, führten und delegierten, hatten noch eine weitere Managementebene eingezogen und schauten, dass sich der Quatsch in Grenzen hielt. Und ehrlich gesagt: Wachstum macht Spaß. Wir liebten das! Wenn man sieht, wie etwas immer größer und besser wird, das ist großartig. Ein Gefühl, das man immer haben möchte. Wir waren stabil.

Das ist sowohl ein guter als auch ein nicht so guter Satz. Stabil heißt: gesund. Stabil heißt aber auch: Die Energie lässt nach. Die Zahlen wachsen, aber etwas überschaubarer. Bis dahin waren wir es gewohnt, einen Rekord nach dem anderen einzufahren. Das explosive Wachstum von »Idle Miner Tycoon« hatte sich indes etwas verlangsamt, wir mussten prüfen, wie es weitergehen sollte, welche neuen Spiele wir entwickeln, was wir als Nächstes in Angriff nehmen wollten. Denn, wenn alles rund läuft, alles stabil ist – ist die beste Zeit, um etwas zu ändern. Mit dem Rücken zur Wand sind die Optionen hingegen eingeschränkt. Wer oben ist, hat die perfekte Ausgangslage, noch weiter nach oben zu kommen.

Oder eine ganz andere Richtung einzuschlagen.

Eine *Billion Dollar* Company?

Die Idee, zu verkaufen, war nicht neu. Viele Start-ups denken an den Exit, viele schon vor der Gründung. Der Exitgedanke begleitet viele Gründerinnen und Gründer im Alltag, viele arbeiten auch gezielt darauf hin. Wir waren in dieser Frage immer etwas gespalten. Klar, es gab Beispiele von spektakulären Verkäufen, auch und gerade in der Games-Branche. Auf der anderen Seite schien es uns nicht abwegig, selbst einen richtig großen unabhängigen Konzern aufzubauen. Endlich einen in Deutschland ansässigen »Spielegiganten« zu schaffen, ein Milliardenunternehmen wie EA, eine »Billion Dollar Company«, mitten in Deutschland, dem Spieleentwicklungsland.

So naiv war die Vorstellung nicht. Es hatten auch nur wenige geglaubt, dass wir zwei Jahre nach Gründung fast

40 Millionen Euro Umsatz machen würden. Wir waren im besten Alter, noch keine 30, und hatten die nötige Power, um es richtig groß zu machen. Doch wir entschieden anders.

Sag kein *Wort!*

Wie gesagt: Wir waren hochprofitabel. Außerdem hatten wir immer mehr Anfragen von Investoren bekommen, zahlreiche Firmen wollten bei uns einsteigen. Unsere ausgezeichnete Entwicklung hatte sich herumgesprochen – und wir hatten überlegt, dass es ein guter Zeitpunkt wäre, um weiter zu wachsen und zu internationalisieren. Und dass wir uns mit einem Partner zusammenschließen könnten. Es gab keinen Druck, wir mussten nicht einen Partner finden – und hätten nur einen perfekten Partner mit ins Boot genommen. Den wir dann fanden.

Doch zunächst brauchten wir jemanden, der etwas vom Verkauf versteht. Und dann meldeten wir uns bei Ross Logan. Ross hatte zuvor zwei Spielefirmen bei deren Verkauf unterstützt. Also wurde Ross unser neuer Chief Finance Officer (CFO). Er wusste, was zu tun ist. Und er wusste, was wir machten sollten. Sein Rat war uns nicht fremd, er glich sinngemäß unserem Firmenmotto: Mach keinen Quatsch!

Das Wichtigste zu dem Zeitpunkt war: nur nicht darüber sprechen. Kein Wort zum Team, kein Wort nach außen. Wenn es öffentlich geworden wäre, dass wir mit Games-Konzernen wegen eines Verkaufs verhandeln, wären die

Verhandlungen sofort gestoppt worden. Das führte dazu, dass wir Ende 2019 in zwei Realitäten lebten und arbeiteten. In der einen Realität herrschte das business as usual, in der anderen Realität wurde der Verkauf von Kolibri Games akribisch vorbereitet.

Second Reality

Wir bekamen nun öfter Besuch. Fremde Leute gingen in unserem Büro ein und aus. Wir hingen immer öfter in Meetings mit Menschen, mit denen die Firma nie zuvor zu tun hatte. Vermutlich hegten die Mitarbeiter schon einen Verdacht. Auch als Olli wegen eines einzigen Meetings in die USA flog. Das warf Fragen auf. »Olli fliegt wegen ein paar Stunden nach Kalifornien und dann gleich wieder zurück?« Sie kannten uns als Schwaben. Sparsam, pünktlich und strebsam. Eine Reise wegen eines einzigen Meetings? Das war nicht Kolibri-Style. Wenn wir übers Wochenende eine Teamreise machten, wurde Montag, Punkt neun Uhr wieder gearbeitet. Und plötzlich reist Olli mal eben nach Kalifornien, um sich, mit wem überhaupt, zu treffen? Irgendeine Geschichte mussten wir erzählen. Denn wir konnten und durften nicht sagen, was wir vorhatten – und auch, was in uns vorging. Das war merkwürdig. Zuvor hatten wir viele Dinge mit dem Team besprochen, uns immer ausgetauscht, Meinungen eingeholt – und nun sollten wir schweigen, sie nicht einweihen. Heikel.

Ja, es gab einige Interessenten. Ross leistete ganze Arbeit. Unsere Argumente waren Profitabilität, Wachstum und eine Quasi-»Monopolstellung« in einem neuen Genre. Das weckte Begehrlichkeiten. Und wer viel Geld ausgeben will, muss wissen, was er dafür bekommt. Wir waren maximal gefordert. Ross half uns, außerdem war eine Investmentbank eingeschaltet, die uns mit den Interessenten zusammenbrachte.

»Jungs, *ganz ruhig*«

Sie blickten sehr genau auf die Zahlen. Nicht nur auf die Downloadzahlen, nicht nur die Nutzerzahlen oder den Umsatz. Sie wollten alles genau wissen, was in der Firma los ist. Wie hoch sind die Personalkosten? Wie groß ist das Team? Über welche Dateninfrastruktur verfügen wir? Was planen wir für die Zukunft? Alles musste genau dargelegt, nichts durfte beschönigt, aber auch nichts vergessen werden. Für uns war dieser Prozess aufreibend. Wir wollten ihn nicht gefährden, wir wollten den Abschluss. Etwas aufgewühlt und auch unserer Update-Logik folgend, präsentierten wir immer wieder neue Ideen und Vorschläge, womit wir potenzielle Käufer überzeugen wollten. Es war dann Ross, der wieder Ruhe in den Prozess brachte: »Jungs, ganz ruhig.«

Ein *Kreis* von *zehn* Leuten

Eingeweiht war außer Ross nur ein kleiner Teil des Teams. Die Finance-Abteilung musste natürlich Bescheid wissen, auch das Legal-Team. Auch das Produktmanagement konnten wir nicht außen vor lassen. Unsere Produkte waren unsere großen Assets. Es war ein ganz enger Kreis, vielleicht zehn Mitarbeitende, die mit uns gemeinsam den Verkauf vorbereiteten.

Ansonsten bemühten wir uns, keine Unruhe reinzubringen, keinen Quatsch zu machen. Alles lief bestens, aber man merkte, dass einige dachten, jetzt muss irgendetwas passieren. Vermutlich kannten sie uns, vermutlich wussten sie, wenn wir uns mit fremden Leuten trafen, wenn wir einfach in die USA flogen, wenn es irgendwie anders war als sonst, dass das nur ein vorbereitender Schritt ist. Dennoch blieb es unsere Aufgabe, weiterzuarbeiten und vorab nichts zu erzählen. Ein Wort nach außen hätte alles gefährden können. Als Mahnung diente die Dr.-Dre-Story.

Der *erste Milliardär* des *Hip-Hop*

Als Rap-Fans kannten wir natürlich die Geschichte des Musikers und Rappers Dr. Dre, der im Rausch fast einen Drei-Milliarden-Dollar-Verkauf riskierte. Im Jahr 2014 wollte Apple den unter anderem von Dr. Dre gegründeten Kopfhörerhersteller Beats kaufen. Die Beats-Kopfhörer waren Kult, auf der ganzen Welt extrem beliebt und Apple wollte richtig viel Geld ausgeben, eben drei Milliarden US-Dollar.

Der Deal war noch nicht öffentlich – doch Dr. Dre war bereits in größter Feierlaune. Kurz vor dem Tag der Unterschrift plauderte der enthusiastische, aber eben auch sichtlich betrunkene Rapper mitten in der Nacht die Nachricht vom Verkauf aus. Das Problem: Die Freudenbotschaft wurde auf Video festgehalten – und das Video stilecht auf Facebook geteilt. Gerade auch die selbstbewusste Ansage, er sei »the first billionaire in hip-hop, right here from the motherf**king West Coast« brachte, laut US-Medien, »die Apple-Familie beinahe zum Implodieren vor Zorn«. Fast wäre der Deal geplatzt. Aber es ging gerade noch mal gut. Apple kaufte Beats für insgesamt drei Milliarden US-Dollar – und von da an konnte Dr. Dre so viele Videos drehen, wie er wollte.

Für uns war die Geschichte eine Warnung. Zwar ging es nicht um solche Summen, aber das Risiko, dass wir irgendwo in Kreuzberg unseren Plan ausplaudern, war real. Doch wir schafften es, dass kein Video mit einer betrunkenen Botschaft viral ging. Vor allem auch dann, als es ernst wurde. »Mach keinen Quatsch.«

75 **Prozent** *an Ubisoft*

Nach Vorgesprächen, vorsichtigem Abtasten kristallisierte sich eine Reihe von Angeboten heraus. Es folgten harte Verhandlungen. Wir waren in einer starken Position, mussten nicht verkaufen. Es wäre anders gewesen, hätte unsere Firma nicht gut dagestanden. Doch wir standen blendend da.

Und dann kam ein Angebot aus Paris. Ubisoft war unser Traumpartner. Wir hatten uns auf Anhieb sehr gut mit den Leuten dort verstanden, es war eine gute Atmosphäre, man konnte sich schnell auf gemeinsame Ziele in der

Zukunft einigen – und nach Paris, zu Ubisoft Entertainment SA, war der Weg auch nicht so weit. Ubisoft ist ein Gaming-Unternehmen mit Hauptsitz in Montreuil bei Paris, dessen Umsatz 2020 bei rund 1,6 Milliarden Euro lag – und an Ubisoft verkauften wir schließlich 75 Prozent unserer Firma. Sie zahlten für diesen Anteil mehr als 100 Millionen Euro. Es war einer der größten Exits der deutschen Games-Industrie.

Es hatte alles geklappt. Und es war ein höchst emotionales Ereignis. Es ging um sehr viel Geld, es ging um einen dreistelligen Millionenbetrag. Für drei junge Leute, für die wenige Jahre zuvor ein Netto-Baumkuchen noch Ausdruck von Luxus war, schien das sehr verwirrend. Aber wir wollten es. Wir fieberten auf diesen Tag hin, es war eine nervenaufreibende Zeit. Die Nächte davor, vor allem die Nacht direkt davor war eine schlaflose Nacht. Wir lagen wach, dachten an alle Eventualitäten, die noch passieren konnten. Sprangen sie plötzlich ab? Wollten sie weniger bezahlen? Hatten ihre Anwälte noch Ungereimtheiten entdeckt? Es waren mehr als nur Grübeleien, für uns waren es die letzten Meter vor dem großen Ziel – und in unserer Fantasie malten wir uns viele Dinge aus, die noch hätten schiefgehen können.

Es *verzögerte* sich

Dann kam der Tag. Wir hatten kaum geschlafen. Am Tag zuvor hatte uns der Notar aus Berlin einen großen Teil des Vertrags vorgelesen, Wort für Wort. Das musste so sein, schließlich muss der Kaufvertrag von einem deutschen Beamten notariell beglaubigt werden. Das war am Donnerstag. Dann die schlaflose Nacht. Das Grübeln. Und schließlich kam der Freitag. Der Tag der Unterschrift. Der dann noch mal sehr spannend wurde.

Wir hatten es geschafft. Es blieb bis zum Schluss spannend. Wir saßen in Berlin an einem riesigen Tisch. Alle Beteiligten waren dabei, die Ubisoft-Leute, wir, die Investmentbanker, der Notar. Die Unterschriften waren geleistet – und alle warteten darauf, dass das Geld auf unserem Konto einging. Damit wir gemeinsam anstoßen konnten.

Alles war bis auf den letzten Euro genau durchgerechnet. Es fehlte nur noch die Bestätigung der Überweisung. Und dann kam es zu einer Verzögerung. Eine Verzögerung, die uns schwitzen ließ. Der Hintergrund: Das Geld sollte über mehrere Bankstationen nach Deutschland transferiert werden. Ubisoft hat alles richtig gemacht, sie haben den gesamten Betrag überwiesen. Doch es hakte irgendwo bei den Banken. Und wir bekamen schon weiche Knie. Wir hielten es fast nicht aus. Wir wurden hibbelig, nervös, konnten weder etwas essen noch trinken. Es wurden fast endlose acht Stunden. Die Auflösung war dann simpel. Am Ende lag es lediglich an ein paar Euro für Gebühren, die eine der Banken ohne unser Wissen abgezogen hatte und weswegen der Betrag nicht ganz aufging. Schließlich war alles geklärt, das Geld kam wie erwartet an und uns fiel ein Stein vom Herzen.

Start am *Tag des Exits*

Dann ging es nach London. Ihr erinnert euch an die buch-eingangs erwähnten Sandwiches. Und dann zurück nach Berlin – wir teilten es unserem Team mit. Es war wie ein Hammerschlag, aber in einem positiven Sinn. Es gab kei-nen, der sich nicht freute. Wir traten vor unser Team, es knallten die Sektkorken. Wir hatten erreicht, was wir woll-ten. Alle Festangestellten haben vom Verkauf profitiert, diejenigen, die schon lange dabei waren, haben teilweise mehrere Jahresgehälter bekommen. Schon früh hatten wir sie mit ESOPs ausgestattet.

Als ESOPs (Employee Stock Ownership Plan) werden Mitarbeiterbeteiligungsprogramme bezeichnet, die dem Mitarbeiter eine Option auf Unternehmensanteile einräu-men. ESOPs sind eine gute Möglichkeit, Mitarbeitende am Erfolg eines Unternehmens teilhaben zu lassen. Für uns ein Muss. Uns war es sehr wichtig, alle Vollzeitmitarbei-tenden über das Gehalt hinaus auch finanziell am lang-fristigen Erfolg von Kolibri Games zu beteiligen.

Im Grunde hatten wir alle als Gründer gesehen. Deshalb hatten wir die ESOPs sehr früh, schon 2017, eingeführt, das war quasi virtuelle Beteiligung zu einem sehr frühen Zeitpunkt. Und diese Mechanik hatte sich bewährt. Jeder der Mitarbeitenden hatte beim Exit schließlich eine Aus-zahlung erhalten, viel Geld ging an die Mitarbeitenden. Und einer war ein besonderer Glückspilz: Er hatte exakt an dem Tag des Exits bei Kolibri Games angefangen – und hatte sofort alle seine Anteile zu Geld gemacht.

Freude allenthalben also. Und auch wenn wir unser Baby aus der Hand gaben, auch wenn es jetzt von anderen Eltern großgezogen wurde, war der Verkauf der größte berufliche Erfolg in unserem bisherigen Leben.

Und ein bisschen beteiligten wir uns ja noch an der Erziehung. Wir waren immer noch Teil der Firma. Mit dem Verkauf waren wir nicht aus der Firma herausgegangen, sondern waren weiter aktiv. Vor allem waren wir hochmotiviert, noch mal das Beste aus Kolibri Games herauszuholen.

ES GEHT IMMER WEITER

oder das Schluss-Level

*D*irekt nach dem Exit war es merkwürdig: Auf der einen Seite verliefen unsere Tage genau wie vorher, weil sich ja nichts geändert hatte, wir morgens aufstanden und bis abends unserem Job nachgingen. Auf der anderen Seite war es die »Leere«, sein Baby nicht mehr in eigenen Händen zu halten. Der Tag der Unterschrift, die euphorische Feier mit dem Team lagen noch nicht lange zurück. Wir hatten jedem unserer Vollzeitangestellten einen sehr guten Anteil am Kaufpreis ermöglicht. Alle waren glücklich. Wir waren am Ziel – und gaben noch mal Gas.

Denn, was wir 2020 wirklich nicht gemacht hatten: uns zurücklehnen. Ganz im Gegenteil. Der Verkauf beflügelte uns richtiggehend, zudem waren wir noch immer Teil der Firma, noch immer die CEOs. Nachdem wir gejubelt, gefeiert, die Sandwiches verdaut, den Sekt geleert hatten, ging es noch mal richtig los.

Erfolg mit *neuen Spielen*

Im Jahr 2020 entwickelten wir eine Reihe von neuen Spielen, »Idle Restaurant Tycoon« war das erste.

»Idle Restaurant Tycoon« ist ein Idle Game der dritten Generation. Das zeigte sich in der Gestaltung und Aufmachung. Nach Textboxen und Balken in der ersten Generation, nach 2-D-Grafiken in der zweiten Generation, hatten wir uns nun ein 3-D-Spiel vorgenommen. Das war noch einmal wie ein Neustart. Wir mussten vieles komplett umstellen. Neue Leute, vor allem 3-D-Grafiker, mussten eingestellt werden, andere wurden umgeschult. Das sorgte noch einmal für einen deutlichen Wachstumsschub. Neben »Idle Restaurant Tycoon« entwickelten wir auch noch »Idle Highschool Tycoon« sowie »Idle Firefighter Tycoon« als Spiele der dritten Generation. Hinzu kamen noch »experimentellere« Titel wie »Idle Farm Tycoon« und »Idle Pirate Tycoon«. Das hob das Unternehmen auf ein neues Level. Parallel bauten wir noch ein Kolibri-Büro in Bukarest auf. Ubisoft hatte dort bereits eine Niederlassung und wir dockten an, nutzten deren Infrastruktur und erweiterten die Spieleentwicklung nach Rumänien.

So hatten wir den Schalter noch mal richtig umgelegt. Auf neue Games gesetzt und Idee nach Idee entwickelt. Was dann kam, betraf alle Menschen auf der Welt gleichermaßen: Corona. So auch uns. Wir begannen, remote zu arbeiten. Wir hatten bis dahin eine Firmenkultur, die sehr viel vom täglichen Miteinander profitierte, von den gemeinsamen Feiern, Freundschaften, der Stimmung im Team. Und plötzlich saßen alle zu Hause. Das war auch für Kolibri Games ein Einschnitt – wenngleich wir als Spielefirma indirekt von den Lockdowns und den Einschränkungen profitierten. Die Menschen spielten wesentlich mehr Games. Gerade Multiplayer-Spiele erwiesen sich als sehr gute Möglichkeit, um mit anderen Menschen in Kontakt zu bleiben. Man spielte gemeinsam online – und fühlte sich verbunden mit anderen.

Außerdem widmeten wir uns 2020 einem Thema, das wir bis dahin etwas vernachlässigt hatten: den Daten und der Datenanalyse. Uns schien nun der richtige Zeitpunkt, dieses zentrale Thema anzugehen.

Daten sorgen **für noch mehr** *Professionalität*

In einem Spiel werden Berge von Daten produziert. Bei zehn Millionen aktiven Spielern, bei regelmäßigen Updates, entstehen bei zigfachen Spielbewegungen Daten, Daten, Daten. Aus diesen Daten lassen sich wertvolle Rückschlüsse ziehen. Welche Version wird länger gespielt? Wie verhalten sich die Spieler? Was wirkt wie? Wird Version A länger gespielt als Version B? Zu welchem Zeitpunkt, in welcher Phase des Spiels sind die Spieler bereit, mehr Geld auszugeben? Und worauf sollen wir den Fokus bei den Updates legen?

Was wir bisher häufig aus dem Bauch heraus entschieden hatten, oder eben auf Vorschlag der Community, bekam nun ein faktenbasiertes Fundament. Eine datengetriebene Spieleentwicklung ist präziser, es werden weniger Fehler gemacht – und vor allem helfen die Daten, noch professioneller zu werden. Wir begannen, eine datengetriebene Infrastruktur aufzubauen, auch mithilfe der Daten neue Strategien zu entwickeln. Der Fokus auf Daten erwies sich noch mal als richtiger Push für das Geschäft.

Das Grundprinzip des Spiels hatte sich nicht verändert. Aber uns boten die Daten eine bessere Steuerungsmöglichkeit. Wir konnten exakt ablesen, welche Updates welches Verhalten der Spieler nach sich zogen (natürlich immer nur anonymisiert) – und an welcher Stelle sich entschied, welche Version den Spielern besser gefällt. Mit den Daten hat man es von da an schwarz auf weiß, was besser und was nicht so gut ist. Schier endlose Excel-Files wurden immer wichtiger bei der Entwicklung und Weiterentwicklung von Spielen – und damit waren wir in einem neuen Stadium der Spieleentwicklung angekommen. Zu Beginn, in den WG-Zeiten, war es die Intuition, die uns das Spiel entwickeln ließ. Später war es eine Kombination aus Intuition und Feedback der Community. Und nun kam Big Data hinzu. Ganze Datenberge, anonymisiert und extrem wertvoll.

Ein Unternehmen *in Turbogeschwindigkeit*

Durch Corona begannen wir auch, komplett umzudenken. Wir waren bis dahin nie Fans von Homeoffice, hatten das nur in Ausnahmefällen toleriert. Wir wollten, dass alle zusammen im Büro sind, auch für die Kultur und das »Feeling«. Als Corona kam, mussten wir schnell reagieren und haben komplett auf Remote umgestellt – und es hatte sehr gut funktioniert. Wir begannen, über das Arbeiten der Zukunft nachzudenken – und planten, nach Corona nicht auf volle Anwesenheit im Büro zurückzugehen. Für Kolibri entwickelten wir das 4+1-Konzept. Es sieht vor, dass man vier flexible Tage in der Woche hat, in denen man wahlweise von daheim oder aus dem Büro arbeiten kann – plus einen Teamtag, der verpflichtend ist, an dem jeder aus dem jeweiligen Team im Büro sein muss. Durch dieses Konzept konnten wir garantieren, dass die Kultur erhalten blieb, bei gleichzeitiger Ermöglichung neuer Freiheiten.

Als Kolibri schließlich umziehen musste, weil der Postbank-Tower saniert wurde, hatten wir das Büro komplett auf das Konzept ausgelegt. Es gab kaum noch individuelle

Arbeitsplätze, sondern viele Gemeinschaftsräume – um das Büro vor allem als Ort des Austauschs und der Kommunikation zu etablieren.

In den letzten Monaten hatten wir versucht, das Unternehmen unabhängig von uns zu machen. Wir hatten den Fokus auf ein datengetriebenes Geschäftsmodell und neue Spiele geschärft, wir hatten gemeinsam mit dem Käufer Ubisoft einen neuen CEO für Kolibri Games ausgesucht, hatten begonnen, die nächste Generation an Managerinnen und Managern auszubilden, die Kolibri weiter nach vorne bringen können.

Wir hatten noch viel Kreativität und Energie in das Unternehmen gepackt – und dann gemerkt, dass es Zeit für etwas Neues wird, dass es jetzt für uns anders weitergehen sollte.

Also beschlossen wir, Daniel, Oliver und Janosch, das Kapitel Kolibri Games nach einem nochmals intensiven Jahr zu beenden.

Vorbei!

Es war eine sehr intensive Zeit. Wir hatten den Lebenszyklus eines Unternehmens in Turbogeschwindigkeit durchgezogen. Wir hatten uns nie vorgenommen, etwas Perfektes zu entwickeln – und hatten dabei ein sehr gut funktionierendes Unternehmen aufgebaut. Das machte uns sehr stolz. Managementbücher, Leadership und Gründerbücher hatten wir verschlungen, aber kein Buch hätte uns jemals so viel beibringen können wie diese fünfeinhalb Jahre Hardcore-Praxis.

Was **sollen wir** *mit dem Geld machen?*

Stolz sind wir darauf, es ohne Investoren geschafft zu haben. Manches Mal hätten wir uns gewünscht, dass es jemanden gibt, der an uns glaubt, uns mit Kapital versorgt. Rückblickend war es gut, dass es nie geschehen ist. Es hätte uns vermutlich eingeschränkt und nicht so entfalten lassen. Was uns nicht abhält, heute Gründerinnen und Gründer zu unterstützen.

Nach dem Exit gab es für uns zwei Möglichkeiten. Erstens: Jeder nimmt sein Geld und zieht seiner Wege. Oder zweitens: Wir bleiben zusammen und bauen gemeinsam etwas Neues auf.

Die erste Möglichkeit schied schnell aus. Wir hätten nicht gewusst, was wir mit dem vielen Geld machen sollten. Klar, wir hatten uns ein paar Sachen gegönnt, auch Urlaube gemacht, die Welt angeschaut. Aber wir sind Unternehmer, wir wollen etwas aufbauen. Das wird uns nicht loslassen. Aber jeder allein für sich – das konnten wir uns nicht vorstellen. Die Freundschaft siegte.

Die Frage ist: Wir hatten nun viel Geld. Was macht man damit? Wie geht man so was an? Tatsächlich reden die meisten Menschen nicht so gerne darüber – vor allem jene nicht, die mehr als ausreichend Geld auf dem Konto haben. Es mag wie ein Luxusproblem klingen, aber mit dem Exit hatten wir unser Ziel erreicht – und für die »Zeit danach« hatten wir noch keinen richtigen Plan. Außer natürlich, keinen Quatsch zu machen. Das wird uns ein Leben lang begleiten.

Eine *Vertrauensperson*

Nach ein paar kleineren Venture-Capital(VC)-Investitionen machten wir, was wir immer machen. Wir suchten den Kontakt zu anderen. Wir sprachen mit Leuten, die schon einen Exit hinter sich hatten. Wir wollten wissen: Worauf muss man achten? Und: Wie investiert man sein Geld? Was ist ein Family-Office – und wie baut man ein Family-Office, ein Investmentunternehmen auf? Am Anfang waren wir unsicher, ob man dafür eine Person Vollzeit beschäftigen sollte – oder ob wir das selbst stemmen könnten. Und dann kam Jan.

Jan ist kein »älterer Herr« aus dem Finanzbusiness. Jan Voss ist in unserem Alter, auch ein Schwabe, hatte einst mit seinem damaligen Arbeitgeber Kundentermine in Heidenheim, zudem ist er sehr gut vernetzt in Berlin und in der Finanzwelt – und vor allem verfügt Jan über fundiertes Know-how, ein Investmentunternehmen aufzubauen. Gut für uns: Er war von Anfang an sehr angetan. Er fand uns überzeugend. Und die Chance, ein Investmentunternehmen plus Strategie von Grund auf aufzubauen, reizte ihn sehr.

Dann begann das neue Kapitel: Zunächst hatten wir eine Investmentstrategie für Venture Capital erarbeitet, dann erste Investments gewagt. Ganz kleine Vorstöße. Zunächst bei Phoenix Games – übrigens dem Unternehmen von Klaas, der uns einst in Karlsruhe sehr nett, aber bestimmt abgesagt hatte und mit dem wir über die Jahre in Kontakt geblieben sind.

In *WG-Start-ups* investieren

Und auch sonst orientiert sich vieles bei uns an Karlsruhe, an unseren Anfangszeiten. Unsere Vision ist es, vor allem in Unternehmen zu investieren, die wie wir damals in WGs sitzen, die an klapprigen Ikea-Tischen Ideen entwickeln, die ein niedriges Gehalt in Kauf nehmen, aber alle einen enormen Willen und Drive haben. In diesen Startups sehen wir uns wieder, das wollen wir fördern und unterstützen.

Nicht zuletzt folgen wir auch bei Investmentstrategien unserem Mantra: »Mach keinen Quatsch.« Ins Thema Venture Capital übersetzt heißt das: Wir investieren dort, wo wir uns auskennen, in Gaming oder im Consumer-Bereich – und lassen die Finger von Themen, bei denen wir uns nicht so gut auskennen. Da wären wir keine guten Partner, das würde keinem helfen. Was uns dagegen als Partner auszeichnet: Wir gehen in einer frühen Phase rein. Wir sorgen für Mehrwert beim Performancemarketing, bei der Organisationsentwicklung, und bei Data Analytics und technologischen Themen können sich die Gründerinnen und Gründer mit unserem in Kolibri-Zeiten geknüpften globalen Netzwerk verbinden. Im Übrigen haben wir durch die eigene Erfahrung gelernt, wann es sinnvoll ist, unterstützt zu werden – und wann der Zeitpunkt da ist, Unternehmen »fliegen« zu lassen, es sie selbst machen zu lassen.

BLN – ganz einfach wegen: Berlin

Inzwischen haben wir auf diesem Weg VC-Investments getätigt. Dabei haben wir uns als Team, als neues Team mit neuer Aufgabe, eingespielt – und vor allem herrscht gegenseitiges Vertrauen. Was wir anfangs unterschätzt hatten: VC ist tatsächlich mindestens so schwer, wie ein Unternehmen zu gründen. Aber dafür gibt es Jan sowie Philipp Löffler, den Bruder von Olli, und auch Anna Siffermann, die von Anfang an dabei war und die uns schon lange bei vielen Themen und Investments unterstützt hatte, sowie Laura, die das gesamte Team unterstützt. Die vier waren auch erste Wahl, als es darum ging, unser BLN-Team aufzubauen. Wir taten uns zusammen und steckten den Exiterlös in eine Holding, BLN Capital, die nun in Unternehmen und Ideen investiert. Für den Namen »BLN« entschieden wir uns, weil es naheliegend ist: Berlin. Es soll um Kapital aus der Stadt gehen, in der wir unseren Erfolg feiern konnten, und das helfen soll, weitere Geschichten wie unsere zu verwirklichen. Wir sind sehr offen, wir investieren in Unternehmen, die uns ansprechen, in coole Ideen, in Teams mit hohem Potenzial. Mit vier Vollzeitmitarbeitenden plus uns dreien ist es ein überschaubares Team.

Reichtum ist *nicht gottgegeben*

Warum nicht groß denken? Es braucht in Deutschland mutige Gründerinnen und Gründer, die in engen WGs sitzen, irgendetwas ausprobieren, die scheitern, wieder aufstehen, an sich arbeiten, lernen, neue Produkte entwickeln – und dabei ein innovatives Klima schaffen. Was Deutschland in der Vergangenheit erreicht hat, ist bewundernswert. Doch der Reichtum des Landes ist nicht gottgegeben, vieles steht gerade jetzt auf dem Spiel.

Wenn wir nichts mehr riskieren, riskieren wir alles.

Mit diesem Buch wollen wir Menschen animieren, es uns gleichzutun. Ja, eine Unternehmensgründung ist schwierig, sieht auch nicht so schick und easy aus wie eine bunte Story in den sozialen Netzwerken. Es ist unbequem, es kann schnell sehr ungemütlich werden. Ängste gehören dazu, Stress, und es wird Auseinandersetzungen geben. Die Kunden werden dein Produkt nicht gleich lieben, es kann Monate, Jahre dauern, bis der Durchbruch kommt. Du wirst belächelt werden, vielleicht sogar verlacht. Aber am Ende lachst du. Und am schönsten ist es, gemeinsam mit anderen, mit Freunden zu lachen.

Wir sind sicher: Irgendwo gibt es auch für dich einen Freund, eine Freundin, mit der du ein gewagtes Projekt riskieren, ein Unternehmen starten kannst. Falls du unser Feedback dazu möchtest oder jemanden zum Mut machen suchst, kontaktiere uns gerne auf LinkedIn oder unter kolibristory@blncapital.com.

Was aus uns wird?

Nun, wir sind Anfang 30, haben einmal die komplette Achterbahnfahrt hinter uns – und haben nicht das Bedürfnis, uns zur Ruhe zu setzen. In unserem Alter fangen viele erst an, sich beruflich zu orientieren. Die VC-Arbeit begeistert uns. Der Markt wandelt sich enorm, viel Geld ist im Umlauf, vor allem auch große US-Investoren haben den deutschen Markt auf dem Radar. Für uns bietet die Arbeit als Investoren die Chance, etwas zurückzugeben, anderen den nächsten Schritt zu ermöglichen. Wir sehen uns als kompetente Unterstützer, haben Spaß daran, unser Wissen weiterzugeben. Nicht zuletzt bleibt der Gaming-Markt enorm spannend. Kaum eine Branche wandelt sich so schnell, so kreativ, so dynamisch wie die Gaming-Branche. Seit unserer Gründung in Karlsruhe hat sich das Gaming enorm weiterentwickelt, spannende Themen warten auf die Spielerinnen und Spieler – deren Zahl ständig zunimmt.

Und dass wir selbst noch mal gründen? Dass wir mit unserem Wissen, unserem Netzwerk, unserer Erfahrung ein nächstes Unternehmen aufbauen? Ausgeschlossen ist das nicht.

↑

ONE WORLD

oder
das Danke-Level

Ein großer Dank geht an unsere Spielerinnen und Spieler. Sie haben unsere Spiele über Jahre gespielt, sie waren begeistert, sind unseren Weg mitgegangen, haben uns gefordert, haben uns inspiriert, haben dazu beigetragen, dass aus unserem Vorhaben eine große Idee geworden ist! Ihr seid die Größten! Danke, dass es euch gibt!

Ein herzlicher Dank geht an Tim Reiter und Sebastian Karasek. Ohne euch wäre Kolibri Games nicht das geworden, was es heute ist.

Was wir als Unternehmen wurden, war nicht allein unser Werk. Es gab zahlreiche Menschen, die uns begleitet und unterstützt haben. Einige haben wir im Buch erwähnt, haben deren Input und Hilfe, deren Zuspruch und deren Aufmunterung im Text herausgestellt, hier seien genannt Gunnar Lott, Michael Kofluk, Nate Barker, Ross Logan und Volkmar Reinerth.

Anderen – oft nicht weniger wichtigen Weggefährten – wollen wir an dieser Stelle unseren tiefen Dank aussprechen.

Ohne euch wäre das alles nicht möglich gewesen.

Ein herzlicher Dank an Anna Siffermann. Sie kam zunächst als Werkstudentin zu Kolibri und hat uns nach ihrem Studium ab 2018 gezeigt, wie man den Bereich Finance & Legal aufbaut und professionalisiert. In den Verkaufsverhandlungen war sie eine wertvolle Begleiterin, die die Daten im Blick hatte. Zu unserem Leid zog sie nach Rotterdam für ihr Masterstudium – allerdings konnten wir nicht ohneeinander auskommen, sodass sie uns während ihres Masterstudiums tatkräftig unterstützte und anschließend wieder Vollzeit bei BLN als Investment Managerin durchstartete.

Ohne **Clara Görs**, **Friederike Zahlbaum**, **Lea Jährling** und **Richard Beck** wären wir im Chaos versunken. Sie waren die, ohne die wir es nicht geschafft hätten, wirklich effektiv zu arbeiten. Sie haben organisiert, unterstützt und dafür gesorgt, dass wir alles auf die Reihe bekommen. Herzlichen Dank dafür!

Ohne **Chris Ling** hätten wir es niemals geschafft, die Umstellung auf eine datengetriebene Produktstrategie umzusetzen. Durch seine Erfahrung war dies eines der erfolgreichsten Projekte in der Kolibri-Geschichte und hat uns auf ein neues Level gebracht. Vielen Dank!

Daniel Reichert hat mit seiner Expertise sowohl »Idle Factory Tycoon« als auch »Idle Miner Tycoon« vorangebracht. Wenn es heiß herging, war er derjenige, der dafür gesorgt hat, dass niemand Quatsch macht und wir dem Ziel einen Schritt näher kommen. Vielen Dank!

Ein großer Dank geht an **Gordon Büttner** – einen unserer Exoten. Er kam ursprünglich aus der »Big Corporate«-Energieversorgerwelt und wollte Anfang 2018 etwas Neues sehen. Glück für uns, dass er sich für Gaming entschied. Er war zuerst Community Manager, dann relativ schnell Head of Community. Weil Gordon immer wieder etwas Neues sehen wollte, wechselte er als Product Manager zu »Idle Factory Tycoon«, hat später die Leitung übernommen und war dabei, als die ersten der neuen Generation an Spielen bei Kolibri gebaut wurden.

Ein tiefer Dank auch an **Jeremy Ries**, mit dem wir eine Premiere feierten. Er hatte im Sommer 2016 bei uns als Praktikant in Karlsruhe angefangen – und war nichts weniger als unser erster Entwickler. Im Lauf der Zeit wurde er zum Lead Developer von »Idle Miner Tycoon« – und brachte vor allem Leben in das Unternehmen. Er organisierte Freizeitevents, sorgte dafür, dass wir Game-Jams veranstalteten, und brachte nebenbei allen Nichtentwicklern das Coden bei, mit einer fast engelsgleichen Geduld.

Richtig professionell wurde es mit **Jonas Hartmann**. Er kam in Berlin als Lead-Entwickler für »Idle Miner Tycoon« dazu, hatte zuvor bei smilegate und Aeria Games wertvolle Erfahrung gesammelt – und brachte Stabilität und Professionalität in unser Entwicklerteam. Das zeigte sich auch, als er die Entwicklung der neuen Spiele verantwortete, nicht zuletzt als Jonas Vice-President Engineering geworden war – und schließlich Olli als CTO ablöste. Für deinen Einsatz ein herzliches Dankeschön!

Julian Erhardt war irgendwann unser wichtigster Manager. Das hatte sich so nicht abgezeichnet. Julian hatte 2017 als Entwicklerpraktikant bei uns in Karlsruhe angefangen. Es lief ganz gut. Er war ein guter Entwickler. Was er aber wirklich gut konnte, war der Umgang mit Menschen. Er fand die richtigen Worte, konnte Leute zusammenbringen, motivieren. Diese People-Skills wurden schnell sehr wertvoll für uns. Und Julian hatte immer mehr Verantwortung übernommen, stieg innerhalb der Firma weiter auf und verantwortete irgendwann »Idle

Miner Tycoon« komplett. Julian, dir gilt unser herzlichster Dank!

Medos Gashi sind wir zu ganz großem Dank verpflichtet! Medos hat unser Spiel, hat unser Unternehmen enorm geprägt. Er kam in Karlsruhe als Artist zu uns, war der erste Senior Artist, den wir eingestellt hatten – und zeigte sich von da an für das charakteristische Erscheinungsbild unserer Minenarbeiter verantwortlich. Er ließ die Figuren grinsen und die Minen leuchten. In seiner unnachahmlichen Art, mit seinem Arbeitseifer und seiner Lust an der Gestaltung hatte Medos innerhalb von ein paar Wochen den Art-Style auf ein komplett neues Level gehoben. Und nicht nur das, im Laufe der Jahre hat Medos quasi alle Artists bei Kolibri ausgebildet. Medos – herzlichen Dank für alles!

Ein richtig guter Hire war auch **Paul le Bas.** Paul brachte noch mal enorm viel Struktur und Wissen zum Thema Marketing mit. Mit seiner Hilfe konnten wir Prozesse etablieren, um sehr schnell zu erkennen, ob ein neues Spiel einen Markt hat oder eben nicht. Mega! Vielen Dank!

Wir wollen vor allem **Tom Weber** danken, der nicht nur unsere Stimme nach außen war und uns bei Presse und Medien international bekannt gemacht hat, sondern uns auch beim Schreiben dieses Buchs noch mal daran erinnert hatte, dass wir in Teneriffa ohne Hose dastanden.

Wir waren noch kleine Fische, es war die Baumkuchen-Zeit, doch einer hat immer an uns geglaubt: **Adam Foroughi,** der CEO von Applovin, einem unserer wichtigsten Technologie- und Werbe-Provider. Obwohl wir wenig vorzuweisen hatten und noch sehr unerfahren waren, führte uns Adam in die besten Restaurants, nahm sich viel Zeit für uns, gab uns das Gefühl, etwas Besonderes zu sein – und förderte uns nach Kräften. Dafür dir, lieber Adam, ein Dankeschön.

Zu Dank verpflichtet sind wir bei Applovin auch den Brüdern **Johannes** und **Thomas Heinze** sowie **Carl Livie** und **Daniel Tchernahovsky**, die uns immer sehr geholfen und uns gezeigt haben, wie man sich im Gaming zurechtfindet – und die zu guten Freunden geworden sind.

Ein herzliches Dankeschön geht an **Jens Begemann**, den CEO von Wooga, der uns im strömenden Regen vor einem Burgerladen in San Francisco sehr offen und ehrlich einen entscheidenden Ratschlag erteilte – und uns klar machte, dass Gaming extrem hartes Business ist. Er selbst wurde mit Wooga zu einem der Vorzeigeunternehmen im Gaming und hat einen beeindruckenden Exit hingelegt.

Als wir zitterten, weil wir kurz vor dem Exit waren, standen uns drei Menschen zur Seite: **Affan Butt**, **Julian Au**, **Simon Laborde**. Ihnen gebührt ein tiefer Dank! Sie waren Teil der Investmentbank Aream und begleiteten uns beim Verkauf. Schon in den Jahren zuvor waren sie extrem hilfreich, hatten uns immer wieder anderen Unternehmen und deren CEOs vorgestellt. Aber vor allem machten sie den Exit möglich. Danke! Danke! Danke!

Als wir wegen unseres gefloppten Versuchs mit »Front Yard Wars« viel Kritik einstecken mussten, gab es einen, der uns danach nicht ignoriert hat: **Alexander Hüsing**. Er fand es interessant, was wir machten, er sah in uns irgendetwas Vielversprechendes. Und vor allem war Alexander der erste Journalist, der sich mit uns getroffen und uns zugehört hat und danach einen großen Artikel veröffentlichte – und das in einer Zeit, als keiner an uns glaubte. Vielen Dank dafür, lieber Alexander!

Zu den Journalistinnen, die an uns geglaubt haben, als das noch nicht so viele taten, gehört auch **Petra Fröhlich**. Sie hat unseren Weg sehr genau verfolgt und Storys von und über uns immer wieder in die »Gameswirtschaft« gebracht. Dafür unser herzlichster Dank!

Ein ganz besonderer Dank gilt unseren **Familien**, unseren Geschwistern, unseren Müttern und Vätern. Sie haben uns nicht nur ein gutes Zuhause geboten, sie haben uns die Werte und Traditionen vermittelt, die wir leben und an denen wir uns auch bei dem Aufbau unserer Unternehmen orientiert haben. Achtsamkeit und Wertschätzung mögen heute gerne verwendete Worte sein, unsere Eltern haben uns gezeigt, wie diese Worte mit Leben gefüllt werden. Vor allem aber haben sie uns nie entmutigt, sondern uns immer den Rücken gestärkt – ihr Vertrauen in uns ist nahezu grenzenlos. Und wenn es in diesem Buch vielleicht nicht in dieser Deutlichkeit klar geworden ist – was wir geleistet haben, das hätten wir nie ohne den Rückhalt und das Verständnis unserer Familien geschafft. Vielen lieben Dank!

Neben einzelnen Menschen geht unser Dank auch an die Institutionen, die uns besonders unterstützt haben. Dazu gehören Berlin Partner, das Cyberforum, delta Karlsruhe, der game Verband, games:net, das Karlsruher Institut für Technologie (KIT), die Pioniergarage und die Sparkasse Karlsruhe. Und es gibt noch so viel mehr Menschen, denen wir zutiefst dankbar sind, die uns auf unserem Weg begleitet haben. Menschen, denen wir mehr verdanken, als sie ahnen.

Natürlich geht ein großer Dank an euch Leser und Leserinnen, die sich die Zeit genommen haben und hoffentlich Gefallen am Lesen hatten. Wie bei unseren Spielen sind wir auch hier wieder auf das Feedback von euch angewiesen und würden uns sehr freuen, wenn ihr uns eine Bewertung auf Amazon abgeben wollt, und freuen uns über jede Empfehlung an eure Freunde, Bekannten und Kollegen.

DIE AUTOREN

© Felix Grimm

Janosch Kühn, **Daniel Stammler** und **Oliver Löffler** (von links) sind deutsche Unternehmer, Spieleentwickler und Gründer von Kolibri Games, einem der erfolgreichsten Entwicklerstudios für Mobile Games in Europa. Ohne Fremdkapital gründen die Studenten in ihrer WG und entwickeln den ersten Prototyp von »Idle Miner Tycoon« – vier Jahre und über 150 Millionen Downloads später wird das erfolgreiche Unternehmen zu einer Bewertung von über 120 Millionen Euro verkauft. Mit ihrer Investmentfirma BLN Capital unterstützen die drei heute junge Gründerinnen und Gründer und geben ihre Expertise als Unternehmer und Manager weiter.

Mit jedem print4climate-Auftrag hinterlassen wir einen grünen CO_2-Abdruck, denn wir kompensieren 10 Prozent mehr CO_2, als bei der Produktion entsteht. Der finanzielle Mehraufwand kommt einem zertifizierten Waldaufforstungsprojekt in der inneren Mongolei zugute. Das Aufforstungsprojekt umfasst 20 000 Hektar Waldfläche und trägt zur Ausweitung der Waldfläche, zum Schutz der lokalen Umwelt, zur Reduktion der CO_2-Emissionen und zur nachhaltigen Entwicklung innerhalb der Projektregion bei.

Bibliografische Information der Deutschen Nationalbibliothek
Die Deutsche Nationalbibliothek verzeichnet diese Publikation in der Deutschen Nationalbibliografie; detaillierte bibliografische Daten sind im Internet über http://dnb.de abrufbar.

Druck und Bindung: Gugler GmbH, Melk/Donau
Papier: Pergraphica Natural Smooth 100 g/qm, Peytan Leder 200 g/qm
ISBN 978-3-86774-734-9

Besuchen Sie unseren Webshop: www.murmann-verlag.de
Ihre Meinung zu diesem Buch interessiert uns!
Zuschriften bitte an info@murmann-publishers.de
Den Newsletter des Murmann Verlages können Sie anfordern unter newsletter@murmann-publishers.de